遇见
荣格

1946

—

1961

谈话记录

[英] 爱德华 · 贝纳特 ———— 著
王一梁　李毓 ———— 译

MEETINGS
WITH
JUNG

CONVERSATIONS
RECORDED
DURING
THE YEARS 1946-1961

上海文艺出版社
Shanghai Literature & Art Publishing House

图书在版编目（CIP）数据

遇见荣格 ：1946—1961 谈话记录 / （英）爱德华·贝纳特著；王一梁，李毓译 .-- 上海 ：上海文艺出版社，2022
ISBN 978-7-5321-8321-0

Ⅰ．①遇… Ⅱ．①爱… ②王… ③李… Ⅲ．①荣格（Jung，Carl Gustav 1875-1961）—精神分析—思想评论
Ⅳ．①B84-065

中国版本图书馆 CIP 数据核字（2022）第 037567 号

出 版 人：毕　胜
选题策划：于善伟
责任编辑：崔　莉
封面设计：吕彦秋

书　　名：遇见荣格：1946—1961 谈话记录
作　　者：（英）爱德华·贝纳特
译　　者：王一梁　李　毓
出　　版：上海世纪出版集团 上海文艺出版社
地　　址：上海市闵行区号景路 159 弄 A 座 2 楼 201101
发　　行：天津华文天下图书有限公司
印　　刷：三河市中晟雅豪印务有限公司
开　　本：880mm×1230mm　1/32
印　　张：8.5
字　　数：300 千字
印　　次：2022 年 4 月第 1 版　2022 年 4 月第 1 次印刷
I S B N：978-7-5321-8321-0 / B·081
定　　价：36.00 元

译序

关于荣格传记的一段往事

● 王一梁

一

我属于那种埃德蒙·威尔逊（Edmund Wilson）式的评论家，为写一篇几千字的东西，会读上几十万乃至上百万字的资料。感谢《遇见荣格》的责任编辑赵士尊先生，慷慨地给了我好几个星期的写作时间；由衷感谢王浩威先生鼓励我多写一点，使我得以将一些问题从容地表达出来。对我来说，假如我能清楚地表明本书作者贝纳特所著的《荣格》是第一本荣格传，那么，眼前这本作为《荣格》底本的《遇见荣格：1946–1961 谈话记录》便有了独一无二的价值。

晚年荣格之所以同意嘉芙（Aniela Jaffé）为自己

写一本“自传”[1]，初衷就是诞生一本类似于艾克曼（Johann Peter Eckermann）写歌德的《歌德谈话录》，但是，一波三折，这个愿望却最终落空了。然而，令荣格意想不的是，这么多年以来，在一个毫不起眼的地方，却早已存在着这样的一本书。就像《泡利的梦》中仙女们说的那样：“我们一直在那里，只是你没有注意过我们。”这本书就是《遇见荣格》。其中的每一个字都直接来源于荣格，都可以把它视为“荣格如此说”。

不过，为了表明《遇见荣格》的原创性，我首先得说明，《记忆、梦和反思》是一本荣格生前未看到最后定稿、死后才发表的书，不是“荣格自传”。就像它的英文版1963年出版后，贝纳特便立即指出的那样：“这是一本非同寻常的书，也给评论家们出了一个很大的难题。许多人以为这是一本自传，其实不是。”[2]然而，就像贝纳特所著的《荣格》（1961年第一版）一样，还没有听到任何回声，便在《记忆、梦和反思》的巨大成功之中销声匿迹了。而贝纳特的《荣格》一书，在沉

---

1 [编注]即《记忆、梦和反思》（*Memories,Dreams, Reflections*），在台湾现行的中文版书名为《荣格自传：回忆·梦·省思），刘国彬、杨德友译，2014年由张老师文化出版。

2 E.A.Bennet: Jung's Inner Life.Sept.28.1693, Book. Reviews. *British Medical Journal*.

寂了半个世纪之后，直到 2018 年才重新面世。

二

我早就知道《记忆、梦和反思》不是荣格的自传，此外，这本书还存在着被篡改的问题，那么，它是不是就像尼采的妹妹对尼采作品的那种篡改呢？这一直是个令我感兴趣的问题。

在《查拉图斯特拉如是说》中，有一则风格奇异的传奇故事，无论是内容，还是文字，都与一本约 1835 年出版的航海日志中一个航海员讲述的故事一模一样。难道是尼采剽窃了半个世纪前出版的这个故事？因为荣格碰巧读过这个故事，就这个问题，荣格给当时还活着的尼采的妹妹写了一封信。她回信告诉荣格，在尼采十一岁时，确实读过这本旧日志。

许多我们小时候读过的东西，随着岁月的流逝被淹没在记忆中，而在写作过程中，又被当作自己的创作写进了书里。从我们已完成的译本，嘉芙的《荣格的最后岁月》（*Jung' s Last Year and Other Essays*），和目前正在翻译的她另一本书《通向原型的梦与鬼魂》（*An Archeoypal Approath to Death and Ghosts*）看，嘉芙属于那种鬼精灵型的女人，作为《记忆、梦和反思》的记录者和编撰者，她完全有可能在某种程度上对这本书做过无意识的篡改。

在这段我所称之为的读书“炼金术”的日子里，我越来越清楚地看到，尽管荣格同意采用第一人称“我”，与他的秘书嘉芙一起合写《记忆、梦和反思》。（最早的书名是《荣格即兴回忆录》。嘉芙做荣格的艾克曼女士。）然而，从一开始，荣格就不把它当作自己的书，而把它称为“嘉芙的工程”。

在1960年1月6日给艾玛·珀莱的信中，荣格写道：“我一直对自己发誓说，我一辈子都不会写自传。在这项工程中，我只是搬了一些砖头；更正确地说，这是一本嘉芙写我的传记，其中几篇是我为它撰写的文稿。”

假如这本书本来就属于嘉芙写的“荣格传”，是第二本荣格授权的传记，那么就不存在任何“篡改”的问题，存在的只有写得好不好、真实不真实的问题。

三

《记忆、梦和反思》（下文简称“自传”）是从1957春天开始写的，荣格回答嘉芙的提问，嘉芙将之记录下来，然后找出已发表的相关文章或手稿，将它们编织在一起，成为意思连贯的可读性作品。但是，这种传统的撰写传记的方式却突然中断了。1957 年年底的一个早晨，荣格对嘉芙说，他想自己写早年的生活。这就是“自传”中的前三章，完成于 1958 年 4 月。此外，荣格还为嘉芙的这本书写了《后期思想》与《非洲之行》中肯尼亚和乌干达的部分。到 1959 年 9 月，荣格便完成了所有为“嘉芙工程”写的文章：达一百五十多页，占“自传”篇幅的三分之一。

如果说，“自传”中的大部分内容表现的是荣格的第一人格，借助于嘉芙对世界所说的话，那么，在荣格自己写下的这四章多的真正“自传”里，更多的则是荣格的第二人格在说话。可以简单地把第一人格的话语理解为，那主要由对话构成。这就是为什么嘉芙可以通过访谈与编辑旧文，帮助荣格去完成这部分的“自传”。但是，它却无法代表荣格的第二人格发言，因为，当一个人的第二人格说话时，往往采用的是独白形式。说到底，第二人格的话语是世界本身的告白与我们对世界的祷文。

1959 年 1 月，住到波林根乡下别墅的荣格，每天早晨都仔细地审读业已成形的章节，当读到已编好的

《论死后生活》时，他对嘉芙说：“它触动了某种我内在的东西。坡道已经形成，我必须写作。”所谓“内在的东西”，在这里，指的是无意识和自性，也就是永恒的第二人格。所谓坡道，即意识与无意识之间的关系——要么往上爬，要么向下坠。

由荣格自己来写他人生的最早期经验与晚期思想，这好理解，尤其是当它们的主题还触及到荣格的第二人格的时候，可是，为什么荣格还会亲自去执笔写《非洲之行》中的部分章节呢？这看上去似乎有些令人费解。但只要知道，在荣格看来，他二十年代在非洲遇到的非洲人还像原始人一样，处于无意识之中，与代表着理性意识的欧洲相比，非洲大陆就相当于集体无意识，这一切就变得容易明白了。在“非洲”的一章中，荣格“看到一个棕黑色人，一动不动地站在陡峭的红色悬崖上；手撑长矛，俯视火车”。“我被这一幕迷住了：这是一幅完全不同于我外在经验的陌生画面，但另一方面，我又有一种强烈的 sentiment du deja-vu（似曾相识的感觉）。我有种感觉，我曾经历过这一刻。我一直就知道这个世界，只是时间把我们隔开了……”芭芭拉·汉娜（Barbara Hannah）在她所著的《荣格：其生平和著作》（*Jung: His Life and Work*）中，将这个棕黑色人视为直接代表着荣格的第二格："他的第一人格和第二人格同时都活跃了起来。这个棕黑色的人，对他的第一人格说来是陌生的，因为在他的五十年生活中，从来没有见过或遇到过类似这样的人。但是他不受时间限制的第二人格却通过无意识的层面，触及原始的祖先们。他感到一切都那么自然，好像早就认识这个人，只是时间将他们分开了。"[1]

由于我们现在讨论的就是"自传"的擅改问题，因而，我尽量使用我手头上已有的其他资源。关于非洲，在这本《遇见荣格》中，还有更多的描述：

他说，原始人是始终处于无意识中的。他在非洲与埃尔贡山的土著人在一起的时候，他让他们做任何事，都必须用非常戏剧化的表达才能使他们明白。[2]

原始人的行为方式……一切都浮在表面，一切都不隐藏，也无法隐藏。[3]

心灵中有许多东西都是我们不理解或尚未被发现的，这就是他去非洲、去印第安普韦布洛部落，以及去印度的初衷。他想去研究非洲原始人的心灵。[4]

---

1 Hannah Barbara: *Jung,his life and work,* Kindle.

2 《遇见荣格》：1952 年 1 月 15 日。

3 《遇见荣格》：1956 年 8 月 31 日。

4 《遇见荣格》：1957 年 1 月 10 日。

可以说，荣格的非洲之行不是一般意义上的旅行，就是荣格所谓“如梦如幻的印度”之行也无法与它相提并论，因为，印度有自己已经成熟的东方文化，而非洲人却一无所有，就像原始人一样生活在集体无意识之中。因而，他写“非洲之行”，就是在写他与“集体无意识”、与“他的第二人格遭遇”的故事。

“在接下去的几个月里，一反常态，对已经写好的章节，他从来没有表达过任何意见，不管是正面的、还是反面的。”（嘉芙：《荣格的最后岁月》）“在接下去的几个月里”，当指荣格 1959 年 9 月写完《非洲之行》以后的日子，因为到第二年的 1960 年年初，“自传”就已全部完成。对荣格说来，他自己写的“自传”已经结束了，尽管“嘉芙的工程”还远远没有结束。

四

现在，我们来看荣格自己写的“自传”开头：

当我写作时，总是有意无意地设想有一个听众站在我面前。而我的写作始终都是写给世界的一封信，因而，我找到了你们，我亲爱的孩子们！站在礼堂第一排的孩子们。我想告诉你们，我是如何成长的，这意味着，我将从黑暗的记忆中，一点一滴地说起。[1]

这个开头听上去像童话一样。孩子们的人生是从对古老的遥不可及的神话记忆开始的：这时候，心灵还没有彻底摆脱中阴身，意识半明半暗，正在逐渐苏醒过来。这种童话式的写作，符合荣格“一生发展心理学”的诸阶段。然而，颇为意外的是，这段话在正式出版的“自传”中却被删掉了，理由就是这个开头童话意味太浓。尤其使人大跌眼镜的是，这不是嘉芙无意识的“篡改”，而是有意识的删节，并且，删节者也不是嘉芙，居然是荣格作品的主要英文翻译者赫尔（R.E.C. Hull）。最终的定稿就是我们现在看到的开头：“当我六个月的时候，我父母亲……”

赫尔不是“自传”的翻译者，这本书的翻译者是温斯顿夫妇（Richard and Clara Winston）。尽管赫尔非常想翻译这本书，但因为正忙于翻译荣格的巨作《神秘的结合》（*Mysterium Coniunctionis*），同时，也由于他的译文被认为过于正式，不适宜翻译这本“有点直

1 Sonu Shamdasani: *Jung Stripped Bare: By His Biographers*, Even, P.25.

率，有时不免粗鲁”（荣格语）的书。在这场“去老处女化”的过程中，他主要扮演的是调停者的角色。如果一直沿着荣格这种“有点直率，有时不免粗鲁”的风格写下去，“自传”倒确实有希望成为一部别具风格的作品，在荣格卷帙浩繁的著作中独树一帜。熟悉荣格的人知道，即使在正式场合，譬如说在接受记者采访时，荣格也喜欢不时地使用一些俚语。荣格从小是在乡下长大的，按照格里·拉赫曼在《神秘荣格》[1]中的说法，有时荣格会使用“农民式的粗野语言”。显然，在我们的无意识中，除了古老的文献语言，我们还使用方言和俚语，或者干脆就是骂山门！一个大家比较熟悉的著名例子就是“上帝拉屎”。那是荣格十一岁时，望着蓝天下的大教堂，产生的上帝幻象：

我看见眼前的大教堂，天空蔚蓝；上帝坐在他的黄金宝座上，高高地在尘世之上，在大教堂上拉屎；从宝座下，掉下一块巨大的粪便。[2]

---

1 Gary Lachman: *Jung the Mystic: The Esoteric Dimensions of Carl Jung’s Lifeand Teachings*, Kindle.

2 同上。

在出版的“自传”中，删掉了“在教堂上拉屎”，成了“上帝坐在他黄金的宝座上，高高地在尘世之上；从宝座下，掉下一块巨大的粪便”。由于删掉了对动作过程的描写，给我们的印象也随之黯淡了下来。

五

在《荣格最后的岁月》里，有一段描写荣格旅行归来后的欢乐心情：

一次由他的美国朋友福勒·麦考密克（Fowler Mccormick）开车，露丝·贝利（Ruth Bailey）小姐作陪的瑞士境内旅行，可把他乐坏了……回来后，他把我们的工作搁置一边，对我绘声绘色、津津有味地讲述起一路上的所见所闻。

嘉芙描述这一段，是为了表明荣格即使到了生命的最后岁月，仍然非常热爱生命：“久不消退的兴致和生动的记忆，雄辩地证明了他过着一种非常健康的生活。”

嘉芙根本不知道的是，就在这次旅行中，赫尔和荣格之间已经达成协议：解决“自传”手稿中“老处女化”（Tantifizierung）的问题。Tantifizierung是荣格根据Tante（姑妈或阿姨）杜撰出来的一个德语词，在英文中，赫尔将它译为Anntification，意思是将一个正常人变成刻板未嫁的老姑妈。我根据中文习惯将它译为“老处女化”。与“老处女化”的刻板形象相反，荣格在“自传”中试图展现的，恰恰是自己率真、绝对诚实、亲近随和的一面。

1960年2月29日，荣格和福勒·麦考密克与露丝·贝利一起来到了赫尔当时住的地方。

赫尔写道：“他说想和我谈谈。就‘自传’问题，他单独与我谈了一个多小时。从中可以看出，文本‘真实性’的问题正在继续争议之中（直到那时，我还根本没有见过任何文本）。他给我的印象是，他会尽最大的努力、坚持用自己的方式来写（‘有点率真，有时不免粗鲁’），他不想让这本书‘老处女化’。”

“当你读到文本时，你就会明白我的意思。”荣格说。

于是，赫尔问荣格：“我是否有权对库尔特（出版商）提供给我的文本做‘去老处女化’？”回答是肯定的。[1]

---

1 Alan C.Elms: Uncovering Lives: *The Uneasy Alliance of Biography and Psychology* p.57–59.

六

美国心理学家、作家艾伦·埃尔姆斯（Alan C. Elms），从二十世纪八十年代起，就开始研究“自传”的各种删改演变史。1991 年，在苏黎世的一个公寓里，见到了几乎双目失明的嘉芙。那时候，嘉芙已八十八岁，生命行将结束。尽管身体虚弱，可是依然思维敏锐、口齿清晰。她回答了艾伦提的所有问题。可是她不明白，为什么会有人想到要写一部“自传”史呢？因为她已经全部都写完了。

1994 年，艾伦的书《揭开生活的真相》[1] 出版，其中，提出了究竟是谁让“自传”“老处女化”的问题：

在荣格、嘉芙、温斯顿夫妇、赫尔、库尔特、荣格几个成年孩子及其配偶，再加上各种编辑和万神殿丛书（Pantheon Books）的文字编辑之间展开了一系列的争论。他们就什么材料该放进荣格自传中，什么东西该被剔除，以及如何进行修改展开了激烈的争论。每个对已编好的英译稿提出实质性修改意见的人，都使用不同颜

1 Alan C.Elms: Uocoverubg Kuves: *The Uneasy Alliance of Biography and Psychologk*, Oxford. University Press, New York, 1994.

色的钢笔或铅笔：嘉芙将理查德·温斯顿交来的手稿用红墨水加以修改；作为译者的温斯顿用黑墨水修改；赫尔用紫墨水、文字编辑沃夫冈·索尔兰德使用的是黑色铅笔。[1]

从这里可以看出，这里的任何一个人都有可能使“自传”“老处女化”，或者对“去老处女化”做出贡献。最初，赫尔想到，对此负主要责任的人应该是库尔克，因为他既是“自传”的老板，也是这本书的总编辑。后来又认为嘉芙该负主要责任。而荣格却不这么认为，他首先想到的是自己的家人：被孩子们删掉的东西实在太多了！

托尼（Toni Wolff），首当其冲，被全部删除。荣格给艾玛的情书也被删去了。“哪有发表自己父亲情书的孩子！”孩子们抱怨道。格里·拉赫曼在《神秘荣格》[2]里，引用了迪尔德丽·拜尔写的《荣格传）里的一个故事：在一次难得的家庭划船比赛中，作为奖励，荣格奖赏他当时八岁的女儿一包饼干。女儿很兴奋，

---

1 Alan C.Elms: *Uncovering Lives: The Uneasy Alliance of Biography andPsychology*, p.59.

2 Gary Lachman: *Jung the Mystic: The Esoteric Dimensions of Carl Jung' s Lifeand Teachings*, Kindle.

跑到艾玛那里说："妈妈，法兰兹的爸爸给了我一包饼干。"法兰兹是荣格的儿子，她不知道自己也是荣格的孩子。可见，荣格在孩子的心中有多么陌生！附录中本来有的"荣格家谱"也被删去了。荣格死后的几个月，荣格的女婿兼遗稿执行人沃尔特·尼修斯建议，将荣格描述青少年时期对宗教的怀疑整个一章全都删去。他让嘉芙把这一决定告诉杰拉尔·格罗斯。当这位万神殿丛书的资深编辑看到嘉芙打来的电报时，吓了一大跳，因为这样一来，删去的部分将有近二十页。甚至有荣格的亲戚建议，这样的句子也得删去："我开始意识到，我们有多么贫穷。我父亲是个贫穷的乡村牧师，我是一个更加贫穷的穷牧师的儿子：鞋子上有洞，在学校里，不得不穿着湿袜子，一坐就是六小时。"

另外在荣格女儿的坚持下，删去了荣格的母亲患病住院的部分，她曾因婚姻上的不幸患病住院。长大后做了精神病医生的荣格，对母亲这次住院的诊断为：患上了神经性歇斯底里。还删去了少年荣格能够预知村里谁将会死去。这些删节还好理解，但因为暴露荣格童年家庭的贫困便要删去，那么就会有无数类似的细节都将遭遇同样的命运。最后，赫尔只好自己动手，行使荣格已经授予他的"去老处女化"的权力。但是，对类似于像

“上帝拉屎”中“shit”这样的字眼，赫尔却无能为力。因为，在反对荣格使用粗话上，嘉芙站在荣格家族一方。甚至于就连库尔特也一筹莫展，尽管他对荣格这样的写作风格赞不绝口，读完前三章后曾对赫尔表示，一定要不惜一切代价保住它。现在，他开始向赫尔抱怨，荣格收不到他的信，因为，那时候所有给荣格的信都由嘉芙拆开、并由她代写回信，除非是私人信件，但有关“去老处女化”的问题可不是私人信。

像这样一眼就能看出被“老处女化”的地方还好办，而那些被全部删掉的部分，以后只要出一个足本问题就可以解决，难就难在那些不是一眼就能看得出的修正，尤其是来自嘉芙的修正。因为她既是最早荣格谈话的记录者，作为编辑，她也是这本书的最后完成者。

七

嘉芙是一个能惟妙惟肖地模仿荣格亲笔回信的人。信写完后，只要荣格在打印好的回信上签个名，一封看上去像是荣格的亲笔回信便诞生了。1955 年底，荣格夫人艾玛去世后，荣格就开始不看信也不回信了。根据《红书》的编辑索努的说法，仅在苏黎世联邦理工学院藏书馆（ETH）里，就藏有两万多封[1]荣格写的信件，其他还有不知道多少的信散落在民间。当时，正任职于苏黎世荣格学院秘书的嘉芙做了荣格的私人秘书，主要就是让她来为荣格看信写信的。其中究竟有多少封信，从头到尾都是嘉芙的杰作，这谁也说不清楚。

我们现在再回到荣格"自传"中的前三章。在荣格自己写的"自传"英译本中，它被叫为"从我生活中的最早经验开始"（From the Earliest Experiences of My Life），到了嘉芙那里，在她为"自传"写的"序"中，这三章成了"关于我生活中的早期事件"（On the Early Events of My Life）。最后"自传"成书时，这两个题目都没有了，纯粹变成了编年史式的写法：第一章"早年生活"，第二章"中学时代"和第三章"学生时代"。

这是一个几乎没人注意过的问题："Experience"与"Event"有什么区别呢？当"Experience"被翻译为"经历"的时候，它确实与"Event"（事件，事情）没有什么区别：人的一生不就是由一系列的事件构成的吗？但是，当把它翻译为半客观、半主观的"经验"、

1 Sonu Shamdasani: *Jung and the Making of Modern Psychology*,p.23.

尤其是主观“体验”的时候，也就是说：人的一生除了在他身上发生的事情之外，还存在着人们对事情的主观反应，而且，在荣格看来，比起客观事件来，更为重要的是不同的人们对同一件事情的不同反应，就是同一件事对同一个人，在不同时期也会有不同的反应与看法。意义，既是客观的也是主观的。这时候，无论如何“Experience”是无法等同于“Event”的。就像“Reminiscence”（回忆）不同于“Memerry”（记忆）一样，也就是说：嘉芙可以和荣格一起写一部回忆录，却无法把荣格的记忆移植到嘉芙的大脑里。

1960 年 5 月 25 日，编辑部主任赫伯特·里德写信给约翰·巴雷特，建议重新给“自传”起个书名：“现在，这本书的书名好像应该是：阿尼拉·嘉芙著‘回忆、梦和思想’——其中包括荣格为本书专门写的几章。”

在那时，使用的是“Reminiscences”（回忆），而不是现在所采用的“Memories”（记忆）——荣格著“记忆、梦和反思”（Memories，Dreams，Reflections by CG Jung）：阿尼拉·嘉芙记录与编辑（Recorded And Edited By Aniela Jaffe）。

而在此之前，1960 年 4 月 15 日，荣格给瓦特·尼修斯写的信中说：“感谢你代表我为我的所谓‘自传’

做的努力，我再次确认，我不认为这是我写的。它显然是嘉芙夫人写的书……这本书的冠名应该是她的名字而不是我的名字，因为这本书不代表我自己写的自传。”

1960年11月29日和1960年12月13日，荣格与约翰·巴雷特分别在“《荣格全集》编委的决议”上签名：

> 荣格始终认为，这本书不是他自己的著作：毋庸置疑，这是一本嘉芙女士写的书。荣格写的几章，专为嘉芙女士的著作而写。本书出版时，作者署名为嘉芙而不是荣格，因为它并不代表荣格写的自传。

其直接后果之一，就是“自传”未被收录进《荣格全集》。

八

1957年1月3日，一年多前刚退休的英国医生贝纳特来到荣格在库斯纳赫特的家。晚饭后，他走进荣格已经为他准备好的书房。

荣格亲切地对他说：“你可以把它当作自己的房间用来写作。”

这是荣格的内书房，就在荣格楼上书房的里面。约有二十四乘以四十五英尺大，像这里的所有房子、房间和楼梯平台一样，也是镶木地板。周围放满了书，书橱沿着墙壁排列，像外面的主书房一样，上面也放满了炼金术的古籍书。这里的窗户上有三盏灯，每块镶着彩色玻璃窗的最上面都画着一个宗教主题的画：左边是被绳子捆住的基督，中间是基督受难图。右边，是基督与哭泣的玛利亚在一起。

贝纳特医生有写日记的习惯。更确切地说，他习惯于做笔记，把他认为是重要的谈话或情景记录下来。因为几乎都是当天写下的，因此，他的笔记看上去就像日记，但比日记更加详细、主题也更加明确。

从苏黎世联邦理工学院藏书馆（ETH）清单上看，贝纳特从1936年起，就开始把会见荣格时的谈话内容记录下来了。他写道："此刻，我正坐在一张大写字台上写作。"[1]刚进来时，荣格指着写作台上，一个长着胡子的金像，说："这代表着成佛之前的佛。"

"写字台上，上面有一排档格，用来放文具和零碎的东西。桌上有一张托尼·沃尔夫的照片。"这不是在

1 《遇见荣格》：1957年1月3日。

贝纳特的笔记中第一次出现托尼的名字，在“1950 年 9 月 12 日，波林根”的笔记里，贝纳特曾写道过托尼：“我与托尼·沃尔夫在露台上聊了一会。在我离开前，她让我去吃午饭。”

多年来，托尼一直与荣格一家生活在一起。她去世于 1953 年，荣格夫人艾玛于 1955 年去世。以前，他从未走进过这间内书房，不知道托尼的照片是什么时候出现在这里的。而他清楚地看到荣格夫人的照片，被摆放在一个落地式书架上，旁边另一张是荣格夫妇的合影。

第二天就要正式开始为荣格作传了。荣格自己写的“自传”前三章，写到 1900 年，随着荣格学生生涯的结束也就结束了。第二天，他要从荣格的第一份工作，在伯格霍兹里（Burgholzli）医院的工作问起。

那时候，贝纳特并不知道前一年夏天，荣格和嘉芙已经约好，要以“第一人称”写一本看上去像“荣格自传”的东西，这是有传奇出版商美誉的库尔特·沃尔夫的主意。赫尔是荣格著作的英文翻译，共翻译了四百多万字的荣格著作，长期与美国人打交道的经验，使他比任何人都清楚地看到库尔特在这件事上的生意眼。在他的《事件纪要》中，赫尔写道：“从广告效应上说，《荣格自传》与由（名不见经传的）嘉芙编辑的荣格

‘回忆录’是完全不一样的。不言而喻，前者必然是一本畅销书，而后者则不然。”

那时候，贝纳特并不知道一年后，荣格这个发誓一辈子都不会写自传的人，会一口气自己写了“最早期的经验”的三章，而贝纳特为写“荣格传”，向荣格提出的第一个问题，恰恰就是荣格在那里停笔的地方。好像事先约好似的，与荣格写的“前三章”衔接得天衣无缝：“说起他早期在伯格霍兹里的工作，荣格说，在他刚刚开始词语联想测试的观察时，他就写信告诉弗洛伊德，这些实验为弗洛伊德的压抑理论提供了临床证明……”[1]

当然，反过来也可以这么想：当1958年1月荣格写完大学生活，开始写伯格霍兹里医院的工作时，突然想到这段生活已经在一年前曾和贝纳特讲过，觉得没必要继续写下去了。与贝纳特不一样，嘉芙没有行医经验，只能从搜集到的材料中去写荣格的医学方面，而贝纳特医生本人除了是荣格学派在英国的主要宣传者之外，他和弗洛伊德也有来往。

当荣格收到贝纳特1956年9月5日写的来信，听

1　《遇见荣格》：1957年1月4日。

说他想为自己作传时，在10月10日的回信中，荣格写道："你知道，我的情况比较复杂，单靠一个传记作家是无法把我写尽的……因此，我希望你就像菲利浦（Howard L Philp）那样，他站在神学家的角度来写我，而你则站在医生的角度来写。作为医生，你会查阅患者的病历，会问他问题，我也会像病人一样回答你的问题。这样，你就可以按照你的思维习惯来思考，从而为多少懂点医学的人勾画出一幅我个性中可理解的方面。菲利浦确实勾画出了我宗教的一面，同样令人满意。既然，我们都承认人的多面性，既有医学的一面，也有神学的一面，那么，不同的传记作家根据自己的专长来写，就最有可能写得最为精确。尽管并不全面，因为要达到这种精神上的特殊的、综合性的高度，便需要这个人同时精通原始心理学、神话、历史、超心理学和科学，乃至需要有艺术创作的经验。"[1]

这里说到的菲利浦是个英国神学家，贝纳特的朋友。荣格是在贝纳特的家里认识他的。"我见到了我曾在你家里遇到过的菲利浦博士，对于他的神学或心理学问题，我还没有彻底弄明白。"但是，后来，菲

1　1954年6月23日，荣格致贝纳特的信。

利浦以提问的方式问了荣格十几个宗教方面的问题，荣格相当满意，并将这篇文章以《荣格与宗教问题》为题目，收进了《荣格全集》。因而，荣格希望贝纳特像菲利浦一样，也同样采用提问的方式："而你则站在医生的角度来写……我也会像病人一样回答你的问题。"

于是，在1956年12月7日的信里，像菲利浦一样，贝纳特一口气问了许多问题。12月10日，荣格回信说：如果都写出来的话，太长了。你来我这里住两个星期吧。这样，也就有了本书的开头：荣格把自己放有托尼照片的内书房，让了出来，供贝纳特写"荣格传"时使用。

九

那时候，荣格已不再拒绝别人写他的传记了，同时，他心里也非常清楚，真正要写出他的传记，这个人必须"同时精通原始心理学、神话、历史、超心理学和科学，乃至需要有艺术创作的经验"。但是，没有这样一个人，至少眼下荣格还没有遇见过这样的人，所以，"单靠一个传记作家是无法把我写尽的"。这样，为写他的传记，在贝纳特已经展开了对他的一系列访谈之后，到了这年的春天，他还同时与嘉芙一起合写“自传”就变得容易理解——在这里，不存在荣格欺骗嘉芙的问题，荣格只是渴望这个世界能够全方位地理解他。

写到这里，我不禁感谢命运的奇妙安排：贝纳特与嘉芙都是在彼此不知道对方的情况下开始写“荣格传”的。等贝纳特知道时，已经是 1959 年，他也已写完了《荣格》的“前言”：

到喝茶时间，尼修斯女士来了，问起我的书。我告诉她，荣格说他自己已经写了不少自传了（我想起一两年前，他曾说过，写他的生平不容易，或许正是这个原因促使他自己去写）。她说，嘉芙女士打算出版荣格已写好的部分。我给她看了我的前言。她说，我的角度与嘉芙女士非常不同，并催促我继续写下去。她说，我的作品更有男子汉气概，即使还有人准备写荣格的传记，也不会妨碍我继续写下去。荣格已经看过前面的部分，他也认为写得很好，角度正确。[1]

1 《遇见荣格》：1959 年 3 月 24 日。

嘉芙是在贝纳特的《荣格》出版后才知道的。1961年7月20日，库尔特·沃尔夫在一封信中，谈到了阿尼拉·嘉芙对于贝纳特这本书的反应："现在，他的书出版了，而自传却要在明年春天才会出版。阿尼拉感到被主人欺骗了。"

十

假如我们不知道贝纳特是1956年9月才提出写荣格传的，或许会以为《遇见荣格》这本笔记从一开始就是为写"荣格传"做准备的。也许作者贝纳特心里就是这么想的，只是时间还没有成熟。有意思的是，8月，贝纳特就住在荣格家里，却没有提出来，而是回到家里，通过写信的方式间接地向荣格提出来，并且说，这是露丝的主意。

贝纳特和露丝是两个荣格最喜欢的朋友，这从1955年7月23日，荣格八十岁生日的家庭庆典中就可以看出，只有他俩是外人。"船上有三十八个人——有那么多的孩子和孙子；还有两个从库斯纳赫特来的小曾孙，他们太小，不能上船。在场的人中，只有露丝·贝利和我不是荣格的家庭成员。”[1]

1955年11月23日，荣格已是风烛残年的八旬老人，悄然独立风中，在苏黎世中央车站等候着贝纳特，而不久前，艾玛还站在他的身边。一见面，荣格便凄然地告诉他，艾玛病了。所以他不能住在他家里。往日，只要他去苏黎世都是住在荣格家里的——库斯纳赫特或波林根；荣格住哪儿，他就跟着住哪儿。

“不过，”荣格说，“你可以先去库斯纳赫家里吃午饭，然后住在尼修斯那里。”尼修斯是荣格的女儿。

贝纳特做过随军牧师，在军队里当心理治疗师的时候，官至准将，向来以沉着、头脑冷静著称。在这本私人笔记里，唯一的一次，我看到他记录下了自己的真情实感：“我为即将离开荣格感到惆怅，因为这是我拜访荣格的经历中最难忘的一次，荣格夫人嘱咐我，明年二月份演讲完以后，一定要和他们住在一起。”荣格也亲切地说：“喔，再见！一定要再来喔。”[2]

荣格夫人死于1955年11月27日上午十点半。荣格跑到尼修斯家里，告诉了贝纳特这一消息，随后和他道别。从《遇见荣格》中，看不到任何有关1956年2

1 《遇见荣格》：1955年7月23日。

2 《遇见荣格》：1955年7月28日。

月的记载。当贝纳特出现在库斯纳赫特时，已经是这一年的8月29日了。第二天，早餐时，好像已事先知道贝纳特将会提出写他自己的传记似的，荣格对贝纳特说起了写他的传记不容易。

荣格说，任何人想写他的传记恐怕都不容易。他说，这需要充分地理解他的思想，但没人能够完全理解。他说，弗洛伊德的一生可以被清楚地描述出来，因为他的思想脉络清晰。而写他（荣格）就要复杂多了，假如不写他的思想发展，仅仅集中于他生平的话，那么他的传记就只是一系列琐碎的小事，就会像不理解康德的作品，却去写康德的一生那样。

在这一天的笔记里，贝纳特还记录下了这样一段情景："午饭后，荣格和贝利小姐都小憩了一会儿。我坐在花园，今天的阳光真是棒极了。"[1]

贝利小姐就是露丝。荣格夫人生前曾和她约定：无论是荣格先死，还是她自己先死，露丝都要答应，来她家照顾另一个未亡人。在荣格夫人去世不到一星期，露

---

1 《遇见荣格》：1956年8月30日。

丝便处理好自己在英国的事情，急忙赶到苏黎世。从此，露丝就留在荣格家，当起了管家，一直陪伴到荣格去世。

十一

在《遇见荣格》中，贝纳特详细地描述了荣格是如何认识露丝·贝利小姐的：

> 他继续谈他的非洲之旅，就在那里，他第一次遇见露丝·贝利。那是 1925 年……露丝和她妹妹与荣格乘的是同一条去非洲的船，两姊妹将在内罗毕与妹妹的未婚夫见面……这次见面后，露丝与荣格及他的同伴相处了一段时间，直到荣格他们离开旅馆。荣格一行向埃尔贡山走去，并在山脚下宿营。就在那里，荣格收到一封乌干达总督写给他的信，问他是否愿意护送一位英国女士：她将从内罗毕经苏丹和埃及返程（这正好与他自己计划的路线一致）。信中提到的人就是露丝。

荣格是在 1925 年第一次遇见露丝·贝利的。在《遇见荣格》中，贝纳特对此作了详细的描述。从那时起，她一直保持与荣格一家的亲密友谊。这次旅行的同伴有彼得·贝恩斯（Peter Baynes）和乔治·贝克威茨（George Beckwith）。福勒·麦考密克本来打算一起去的，但没有成行。露丝和她妹妹与荣格乘的是同一条去非洲的船，两姐妹将在内罗毕与妹妹的未婚夫见面。不过，露丝不是在船上认识荣格的……

晚上，旅馆举行舞会时，露丝趁机离开了那对新人，溜到附近的一家酒吧：荣格正坐在那里研究地图册，她问他，假如不打扰的话，是否可以坐同一张桌子，以免显得孤单。他说“喔，当然可以”，说完继续研究他的地图册。大约有一个小时，他一言不发，然后突然说：“你对地图感兴趣吗？”她说：“是的，非常有兴趣。”随后，他谈起他的旅行计划，指给她看他们要去的地方。

这则笔记标明日期为“1957 年 1 月 10 日”，我们应该认为是贝纳特当天写下的，因为次日，贝纳特在笔记本上还记载了更多的东西：“1957 年 1 月 11 日：荣格再次提到《无意识心理学》的出版……”；“1957 年 1 月 12 日：早上吃早餐时，荣格说起 1902 年他去巴黎的事。他从来没见过沙可……”

我对贝纳特的“1957 年 1 月 3 日到 1 月 12 日”的笔记字数做了统计，共一万五千字。十日内，贝纳特平均每天写一千五百个字。荣格这次邀请贝纳特来家住一段时间，目的就是为贝纳特提供写“荣格传”的材料，我们没有任何理由怀疑这不是当天记录下来的，毫无疑问，这是一份可靠的记录。

而据艾伦说，这一段关于“乌干达总督的信”的内容，原先在英译本的手稿中是没有的。不知道是谁将这一段文字用不同的字体打印后，插进了手稿里。

那么，到底是谁这么做的呢？而且，又为何要这么做呢？

艾伦写道：“我认为这一段文字确实是荣格写的，即使是阿尼拉·嘉芙写的，根据的也是荣格提供的材料。然而，不管是谁写的，都有一定程度上的编造。”[1]接着，艾伦向我们讲述了荣格与露丝在非洲的相识过程：

这个加入荣格非洲一行的英国女士是一个三十岁的

1 Alan C.Elms: *Uncovering lives: The Uneasy Alliance of Biography and Psychology*, p.65–66.

单身女人，名叫露丝·贝利。许多年后，她对荣格口述史的采访者详尽地描述了当时的情景。她的描述根据的是她非洲之行的日记。讲的时候，她手里就拿着这本日记。当她加入荣格一行时，不是“正途径苏丹和埃及”，而是去看望她在肯尼亚的妹妹。探望完妹妹后，她打算从内罗毕乘船回英国。

这段陈述：“当她加入荣格一行时，不是‘正途径苏丹和埃及’，而是去看望她在肯尼亚的妹妹。”显然不同于贝纳特描述的“露丝和她妹妹与荣格乘的是同一条去非洲的船，两姊妹将在内罗毕与她妹妹的未婚夫见面”。艾伦认为，露丝是去看望在肯尼亚的妹妹，而贝纳特讲的是：露丝和她的妹妹一起去看望妹妹的未婚夫。到底是谁错了？

我手上有一本露丝·贝利的侄孙子戴维·贝利写的书：《英国女人和荣格》（Bailey David，*The English Woman And C. G. Jung*，2017）。其中详细地讲述了露丝和她妹妹去非洲的故事：露丝妹妹的未婚夫在非洲是个政府高官，无法来英国结婚，只好让露丝的妹妹去非洲结婚。露丝的母亲不同意，如果一定要去，那么也要姐姐陪着去。尽管作者戴维把它当作一部小说来写，但其中的情节都是真的。许多细节都是他从露丝那里听来的。1957 年 8 月，露丝还邀请戴维全家一起去库斯纳赫特，见到了荣格，那时，露丝已经在荣格那里当管家了。在写作过程中，戴维说，他同样也参考了露丝的《非洲日记》，还有 2005 年出版的布拉克·伯莱森（Blake Burleson）写的《荣格在非洲》（*Jung in Africa*）。

究竟是谁错了？这是不言而喻的。现在的问题成了——那么，艾伦自己为什么会犯下这样的错误呢？

“为什么手稿中会出现这一段与事实不符的描述呢？或许年迈的荣格觉得欠露丝·贝利太多，所以想在书中为她写一点什么。确实，在这本书里留下关于她的笔墨比留给托尼·沃尔夫的多。”艾伦这么推断是有一定道理的：将普通人写进伟人的传记里，这是伟人给予普通人的最好礼物，也是最大的感恩。可能艾伦就是这么想的。然后，艾伦就开始解释荣格为什么要歪曲事实：

探望完妹妹后，她打算从内罗毕乘船回英国。她加入荣格一行，并不是乌干达总督的安排，可以说是荣格本人热情的招募。当荣格一行从英国前往非洲时，她与他们乘的是同一条船，到内罗毕时，他们更熟悉了。在埃尔贡山，她和荣格及其朋友们度过了几星期的露营生活。

艾伦认为，假如露丝“加入荣格一行，并不是乌干达总督的安排”。那么，荣格就可能有问题：“可以说是荣格本人热情的招募”。——而这样的“自传”是无法通过荣格家庭审查的。

任何与荣格关系密切的女人，对于她们的过多渲染，对荣格家庭来说都是危险的，是一种禁忌。

但是，假如露丝与荣格一行一起走出非洲，是出于乌干达总督的安排，那么荣格最后一路上都带着露丝，也就成了在尽一个绅士该尽的义务，是在完成乌干达总督的托付——这样的描写就让人放心了。只有这样写，才有可能让露丝避免像托尼那样在“自传”中被抹掉的危险。

然而，贝纳特的《遇见荣格》恰恰告诉了我们：事情的真相就是这样。显然，在这个问题上艾伦自己想多了。

十二

《遇见荣格》结束于1961年1月17日，这是贝纳特最后一次见到荣格。几个月后，6月6日，荣格去世。当天，贝纳特接到露丝的电报，赶忙在已经印好的书上加上了这么一行话：

荣格逝世于1961年6月6日，就在这本书发行的前几天。

E. A. B

1961年6月6日

好像荣格也赶着要来看这部由老朋友写的“荣格传记史”上第一本传似的，在这本书的扉页上，落款处写的正是1961年6月6日。几年后，嘉芙在《荣格的最后岁月》里写道：“他死后的几小时，下了一场暴风骤雨，闪电劈开了湖边花园里的一棵高大的白杨树，他常常坐在那棵树下。闪电吼叫着，沿着树干一直劈到地上，移开了矮墙沉重的石头。”谁也不知道这一道闪电，几点几分劈开了苏黎世的白杨树？也无人知道贝纳特又是几点几分，在伦敦写下了这一行字。

即使被劈开的白杨树与贝纳特写下的字不是发生在同一个时刻，但千真万确，都发生在同一天晚上。毫无疑问，这是一种有意义的多重巧合，在我看来，正是最不可思议的共时性现象，令人回味无穷。

写于 2019 年 10 月 21 日至 24 日，曼谷

27 日，于清迈定稿

荣格与贝纳特，于波林根，1957。

本书是英国医生贝纳特在访问瑞士的精神病医生荣格期间记录下来的私人笔记。它们为贝纳特的著作《荣格到底说了什么》（*What Jung Really Said*）提供了素材。这本书第一次以它原始的完整形式呈现给读者，所记录下来的贝纳特—荣格谈话录，不仅澄清了许多心理学概念和思想，还见证了两个人三十年来感人的友谊，以及他们对人类福祉共同的深切关注。

前言

1946 年春，我的丈夫才在战后（1939 年爆发战争）第一次拜访了荣格。他写下的笔记，记录了他们横跨十四年的会面情况。这是一本非正式的笔记集，几乎都是他当天记下的。而今这些事实与思想扩充为一本书，但其中的笔记并未做任何改动，也没有任何事后的添加。为了扩充本书的内容，备注中增加了一些荣格的著作、书信及其他相关作品。

在整理这本书的过程中，我对所有对它感兴趣的朋友们深表谢意，是他们促成了这本书的问世。尤其要对玛丽 – 露易丝 · 冯 · 法兰兹（Marie-Louise von Franz）博士表示深深的感谢，她为本书撰写了导论；感谢芭芭拉 · 汉娜（Barbara Hannah）小姐，她阅读了原始手稿，并核实了一些细节；感谢多萝西娅 · 沃利斯（Dorothea

Wallis）有益的批评，也感谢约翰·沃利斯（JohnWallis）参与了编辑与策划。

伊夫林·贝纳特（Eveline Bennet）

1985 年 4 月

导论

这里呈现的笔记，是贝纳特医师在出版《荣格》[1]和《荣格到底说了什么》[2]之前，他拜访荣格期间记录下来的。他是个富有洞察力的观察者，对他与荣格见面时的氛围把握得极为敏锐，及时记下了他们的见面情况。这些笔记也见证了他们持续了近三十年的友谊。

爱德华·阿姆斯特朗·贝纳特于1888年10月21日生于邻近北爱尔兰阿尔马郡的波因茨帕斯。他曾在贝尔法斯特的坎贝尔学院（Campbell College）接受教育，在都柏林的三一学院学习哲学和神学，并在那里获得了哲学荣誉学士的学位。在剑桥瑞德利堂学院（Ridley Hall，Cambridge）进一步深造之后，任职于

1 E.A. Bannet, *C.G.Jung*（Barrie & Rockliff,London 1961）.

2 E.A. Bannet, *What Jung Really Said*（Macdonald, London 1966）.

英格兰教会（Church of England）。一战爆发后，作为随军牧师，他加入了北安普敦郡第六团。1915 年，他获得了 M.C. 卓越勇气勋章。这一段从军的经历促使他又重返三一学院，并于 1925 年在此获得了从医资格；后来的 1939 年，他又从这个学院获得了医学博士学位。

自医生生涯开始，贝纳特的兴趣就在精神病学上。1925 年，他迁居伦敦，任职于塔维斯托克诊所（Tavistock Clinic）；他还曾就职于伦敦的西区神经系统疾病医院（West End Hospital for Nervous Diseases）。有好几年，他定期主持精神医学的演讲。他的工作被认为是极大地体现了对人类痛苦的深切关怀，而这种品质，或许正是所有真正优秀的医生所必须具备的基本品质。

在荣格自己写下的回忆录中，描述了在他学习生涯的最后阶段，偶尔读到克拉夫特 · 艾宾（Krafft Ebing）写下的精神病学教科书的情景。当荣格读到“精神病是人格疾病”时，他写道：“我异常兴奋……只有在这里，我的两种兴趣爱好才能汇成一条河流，然后再一起去冲击出各自的河床。这是一个生物学上和精神上的共通经验领域，对我来说，终于能找到这个领域，真是‘踏破铁鞋无觅处’。在这里，自然与精神的冲突成为一种看得见的现实。”[1]

这是西方哲学与宗教之间由来已久的分歧，但荣格却在“心灵现实”这个科学的新维度中看到了它们的统一性。这种觉醒来之不易，因为他的医学同事们很少有人能理解他对于宗教体验的兴趣，包括弗洛伊德；神学家和哲学家也不理解他对于神学和哲学观念所持的经验主义态度，即用科学的方法对待神学和哲学。

贝纳特医师不仅具备神学和哲学背景，还拥有医学知识，这让他很容易理解荣格的这种科学态度，并倍加珍惜。他第一次遇见荣格是在二十世纪三十年代初期，从 1935 的塔维斯托克演讲（荣格带给听众巨大冲击）时起，他就开始与荣格保持联系。之后的许多年，为荣格思想在英国的传播做了大量工作。其中一些人因为受荣格思想的吸引而成为追随者，有些人则试图“超越荣格”。相比之下，贝纳特的态度来自于思想的内在发展。首先，他秉持了一个精神病医生的本色，为每一个

1 出自《记忆、梦和反思》第三章“学生时代”（C.G. Jung, *Memories,Dreams,Reflections*, Chapter III, 'Student Years', p111.）。
［编注］《记忆、梦和反思》（Memories,Dreams,Reflections）在台湾现行的中文版书名为《荣格自传：回忆·梦·省思》（刘国彬、杨德友译，2014 年由张老师文化出版），本书基于译者于译序里所论及的理由（见 p.20），采译者原译之《记忆、梦和反思》。

病人找出他认为最恰当的治疗方法。但毫无疑问，他最有影响力的工作是：荣格学派的个人化个体心理治疗。他的洞察力以及对人的善良、关怀，使他成为杰出的心理治疗师。

然而，他与荣格的长期联系因第二次世界大战中断了。当时，贝纳特作为一名精神科医生，服役于印度兵团和第十一军团，官至准将。在此期间，他养成了一种训练有素的坚毅特质，而这正是心理治疗师最重要的特质。战后，他应邀任职于伯利恒皇家医院和莫兹利医院（Royal Bethlem and Maudsley Hospitals），1955 年退休。1953 年，他担任英国医学协会催眠分会（Hypnotism Sub-committee of the British Medical Association）委员；1954 到 1955 年间，担任精神治疗委员会医学分会（Medical Sub-committee of the Archbishop of Canterbury's Commission on Spiritual Healing）委员。1955 到 1961 年，他还是毒品上瘾委员会（Drug Addiction Committee of the B.M.A.）成员。1977 年 3 月 7 日，贝纳特去世。他的离世是他的朋友、同事和患者们的巨大损失，也是曾受过他影响的荣格学派的巨大损失。

这本笔记，并没有提供一幅荣格生活或思想的完整画面，它们只是他日常生活、他的谈话、他自然而然的活动和思想的曝光。这本书里多次提到的荣格作品，不少是荣格当时手头正在撰写的作品。尤其值得注意的是，写这本笔记的结尾几章时，正是晚年的荣格写《记忆、梦和反思》[1]的时候。对那些想要进一步了解与这本荣格自传相关话题的读者来说，他们将会发现，眼下这本书里的谈话和评述，为《记忆、梦和反思》提供了独一无二的出处。

玛丽－露易丝·冯·法兰兹

（Marie-Louise von Franz）

1 参见 P43 注 1 之编注。

目录 CONTENTS

1946年春

1946年3月29日　库斯纳赫特（Küsnacht）

昨天，从日内瓦出发，抵达苏黎世车站时，车子已经在等着我了。刚好在一点之前到达西斯特拉斯（Seestrasse）。荣格[1]和荣格夫人，还有他们的女儿玛丽安（Marianne）和女婿沃尔特·尼修斯（Walther Niehus），以及一个约十六岁的女孩和六岁的男孩，还有荣格的秘书施密德小姐（Miss Schmid）都在那里。

我们坐下来吃了一顿愉快的午餐。有马乃士鱼、牛肉，还有小面包；然后在走廊上喝咖啡。后来，我和荣格谈了很久，一直谈到下午茶时间，五点左右离开。尽

1　原文为C.G.，为方便读者，均译为荣格。

管他说，他的心脏有些虚弱——他不能爬山，上下楼梯时必须慢慢走，但他看上去反应敏捷，显得相当健康。

他说到1940年时他在瑞士的孤独感。他们料到德国人会入侵。一天，他在沙夫豪森（Schaffausen）的连襟捎信给他，提醒他德国人或许当晚就会来。于是，他带着妻子、女儿和怀孕八个月的儿媳，乘车去了瑞士东部的一个避难所。瑞士的大致计划是：当德国人入侵时，瑞士人将从苏黎世附近的平原疏散，炸掉火车隧道，在山上、戈特哈德和其他地方作战。但他们认为德国人也有可能不会入侵，其中一个重要的原因，也是一张王牌是：如果德国不想和意大利连成一片的话，瑞士对德国来说是没什么用的。

他每天都听B.B.C.电台，知道英国是唯一的希望，并且永远不会屈服。

他说，一直到1935年，德国和意大利的人们似乎对纳粹还抱有幻想。德国正在发生变化，路上不再挤满失业的人；一切都在改变，变得平和了。接着，他看到其他的事，了解到了纳粹的邪恶。他开始抨击纳粹，比如说，在牛津大会[1]上的批评，并且这样的抨击越来越

---

1 “第十届国际心理治疗大会”（The Tenth International Medical Congress for Psychotherapy），于1938年7月29日至8月2日在牛津举行。

多。他给我看了一篇美国人写的、被错译的文章，作者错误地引用了他的话。他的原话是："用惊讶的目光，看着（欧洲的事态发展）"，却被扭曲为"用崇敬的目光看着"。他说，他已对此做了回应。由于德国在苏黎世的影响非常大，当他开始毫无保留地批评德国时，荣格夫人不禁担心他可能会卷入麻烦。谈到所谓他同情纳粹的传言，荣格告诉我，由于他对纳粹的观点，他的名字上了德国的黑名单，假如他一旦落入纳粹之手，肯定会被枪毙。[1]

他说，在牛津大会上，他问戈林[2]会不会发生战争？

戈林答道："哦，就算开战，紧接着就会召开圆桌会议。"荣格补充道，德国永远不可能赢。至于苏联，

---

1 参见贝纳特所著《荣格》（p.60），以及欧内斯特·哈姆斯（Ernest Harms）的文章《卡尔·古斯塔夫·荣格：弗洛伊德和犹太人的辩护者》［'Carl GustavJung-Defender of Freud and the Jews', *Psychiarric Quarrerly*(1946), Vol 20, P.199］。
此外，芭芭拉·汉娜（Barbara Hannah）的著作：《荣格：其生平与著作》第十一章《乌云笼罩下的欧洲：1933-1937》（*Jung: His Life and Work*, Chapter11, Storm Clouds Over Europe 1933-1937）里，关于荣格对纳粹的态度有充分描述。

2 伍波塔尔（Wuppertal）的玛蒂亚斯·戈林（Matthias. H. Gŏring）教授是赫尔曼·戈林（Reich minister Hermann Gŏring）的堂弟。
［编注］玛蒂亚斯·戈林是德国精神医学家，亦是活跃纳粹分子；赫尔曼·戈林是纳粹德国重要军政领袖，曾被希特勒指定为接班人。

他说，斯大林很聪明，并不愚蠢。当苏联卷进战争时，他非常担忧。但不久他就做了一个令人震撼的梦。他告诉了我梦中的一个片段：

他在一个空旷的田野上，远处有兵营似的建筑物。到处都是野牛（德国人）。他在一个山岗上，希特勒在另一个山岗上。他感到，只要他盯着希特勒看，一切都会好起来的。接着。他看见远处尘土飞扬，骑手们（哥萨克骑兵）围住野牛，将它们赶了出去。然后他醒了过来，心情大好，因为，他知道德国将会被苏联打败。他说，这是一个集体梦，一个非常重要的梦。

我们无所不谈。我对他说起“斯大林格勒宝剑事件”（Stalingrad sword incident）[1]，和张伯伦在哥德斯

1 这件事发生在1943年“斯大林格勒宝剑”的馈赠仪式上。在这把剑的剑身上用英俄两种文字刻着：“乔治六世国王代表英国人民，向有着钢铁般意志的斯大林格勒公民们致以崇高的敬意——为苏联赢得斯大林格勒大捷而造。”该剑由金匠公司（Goldsmiths' Compant）的工匠们打造。在《工作室》（*The Studio*）杂志上，当时有一篇文章这样描述道：“由于其固有的美。技艺精湛，合乎时局，它或许是我们这个时代最重要的艺术作品。这是一把设计成十字军刀的剑，金手柄的外面套着精心设计的十字形护手，剑柄圆头的金玫瑰里镶着水晶石。当1943年11月29日，丘吉尔、罗斯福和斯大林在德黑兰会面时，丘吉尔代表国王和英

堡（Godesburgh）忘伞的故事[1]。荣格对前者非常感兴趣。对于后一件事，他说，当人们忘记带走自己的东西时，这意味着，这些东西代表着某种无意识。正如病人们忘记带走他们的笔记本或包等物品，这并不简单地表示他们不想走或还想回来。

他与剑桥的黑衣修士维克多·怀特神父（Father Victor White）[2]长期保持着通信联系，他本人以及他的学识给荣格留下了极为深刻的印象。他们出版了一本

国人民，在一个简单却庄严的仪式上，将这把剑赠送给了斯大林。在官方拍摄的纪录片中，这个仪式的后半部分被剪掉了。但据目击者说，斯大林接过宝剑后，把它交给了他身边的伏罗希洛夫元帅（Marshal Voroshilov）。剑从剑鞘里滑了出来，尽管伏罗希洛夫眼疾手快，但还是只抓住了镶嵌着价值连城的水晶石的剑柄圆头。（感谢虔诚的金匠公司提供了这些细节。1965年，在乔治·休斯为该公司撰写的《虔诚的金匠史密斯公司：作为他们工艺的赞助人 1919–1953》中，详尽地描写了斯大林格勒宝剑的故事。）

1 张伯伦在哥德斯堡会见希特勒后，忘记带走他的伞。这件事引起人们注意的原因在于，这把伞不仅是他随身携带的东西，还因为，他自己让人把这把伞视为团结与防御的象征。所以，在1939年2月布莱克本演讲结束后的答谢词中，他说道“……这是给予我的最大可能的鼓励和支持，因为，充分信任我的同胞们都知道，只要我有这把旧伞，和平就会最大程度地祝福每一个国家，让人们充分享受和平……依靠决心和坚持，我们就能保证我们自己与世界的和平。”［1939年2月23日，《时代》（*The Times*）报道，标题是，《那把旧伞》（*That Old Umbrella*）］。

2 荣格曾为维克多·怀特神父的《上帝与无意识》（*God and the Unconscious*）写序，这里提到的信，发表在《荣格书信》（*C.G.Jung: Letters*, Vol.1）。

《黑衣修士》（*Blackfriars*）的杂志。

荣格和荣格太太都告诉我，荣格正打算出一本书，其中包括他所有关于德国和纳粹的文章。书已准备付梓，并且将会被翻译成其他文字。[1]

1 见荣格《时事随笔》（*Essays on Contemporary Events*），1947 年在伦敦出版。又见于《荣格全集·转化中的文明》（*Civilization in Transirion*,C.W. Vol.10, Ⅲ）。

1946 年夏

八月，苏黎世国际会议[1]期间，我住在荣格的库斯纳赫特家。

1946 年 8 月 10 日

吃早饭时，荣格谈到“圣女怀孕”。他说，当他遇到威廉·坦普尔[2]时，他对坦普尔说，他还没搞清楚圣女怀孕是怎么回事，但也不完全同意正统的说法（说到这里，为了配合他的话，他耸耸肩，做出一个独特的手势。看上去就像在捏什么，为了巧妙地得到什么东西而

1 国际分析心理学会议（The International Conference for Analytical Psychology），于 1946 年 8 月在苏黎世召开。

2 威廉·坦普尔（Dr. William Temple, 1881–1946），纽约大主教（1929），坎特伯雷大主教（1942）。

做出的样子）。坦普尔同意：表示自己也“搞不懂”，圣公会也弄不清楚。对此，他感到抱歉，说，还是不谈为妙。荣格继续说，但有必要从心理学上弄清楚。去想琼斯太太（Mrs. Jones）没有丈夫或男人却有孩子，是没有意义的。不过，处女是男人灵魂中的原型形象，即阿尼玛，上帝也只能诞生在男人的灵魂里，除此之外，还能从哪里诞生呢？他说，天主教知道这一点，而其他人却不知道。这是一个重大的心理真理：圣母玛利亚[1]

1 《荣格全集·心理学与宗教·答约伯》（*Psychology and Religion*, CW, Vol.11 Ⅵ, Answer to Job, para. 553），写道：“……只有以物质形式存在的东西才是真实的，这是一种奇谈怪论。因此，有人从物质角度相信，基督是处女生下的儿子，而其他人则否认……但是，只要放弃‘肉体’这个词，他们就很容易达成共识了。”见《荣格书信》（*C.G. Jung: Letters*, VoL 1）。1947 年 6 月 23 日，在荣格给沃纳·涅德勒牧师（Pastor Werner Nicderer）的信中写道：“必须认识到客观心灵的存在，心理解释不一定就是心理化的，即主观的。必须重新看待教义的含义。我曾就‘英国教会教义’中的处女怀孕问题，用事实驳斥过已故的坎特伯雷大主教坦普尔博士，说这是作茧自缚，授人以柄……教义是‘因为荒谬，所以相信——德尔图良’（credibile quia ineptum）。为了彻底理解这一点，首先得理解 typic（拉丁文）的意思——用现代术语来说，就是典型地。在我们这个例子中，处女等于阿尼玛，‘一颗不了解男人的灵魂’（quae non novicvirum）。她不是由男人创造出来的，而是由上帝自己亲手创造出来的。对我来说，这种说法更好，也更容易理解，因为，这是可以观察并体验到的事。”参见《记忆、梦和反思》第十二章“后期思想”（Chapter Ⅻ, 'Late Thoughts', pp.309–311）。

形象中的象征。

正餐时，有休·克莱顿—米勒[1]，还有一个早早离开的意大利医生。饭后，我们在餐厅隔壁的客厅与荣格夫妇聊了很久。那里有一个大大的蓝绿色炉子，上面铺着瓷砖。瓷砖的设计灵感来自一本关于自然科学的古老书籍，荣格给我们看了这本书。

那个意大利医生讲了一件战争期间的趣事：一个受伤的士兵，不得不通过插到胃里的瘘管进食。那么，做弥撒时，他是通过瘘管接受圣饼呢，还是必须用嘴巴进食？最后决定：可以通过瘘管进食，因为把圣餐吸收进去才是最重要的。

圣女怀孕的话题又被提了出来。荣格强调教义的重要性——比起事实的真相，教义更为重要[2]。罗马天主

1 [编注] 休·克莱顿—米勒（Hugh Crichton-Miller, 1877–1959），苏格兰精神病学家、精神科医师，英国塔维斯托克诊所创办人，也曾担任苏黎世荣格学院副校长。

2 《荣格全集·心理学与宗教》（CW, Vol. 11, para.81–82）写道："……教义有其自身的连续性特点，一方面，它由所谓的'启示'或对'真知'（上帝的知识）的直接体验所组成，例如：上帝一人，十字架，圣女怀孕……；另一方面，这么多世纪以来，许多思想持续相互合作……而我曾提到过：基督意象不单单为基督教所独有……它们也常出现在异教那里……作为心理现象，它会以各种各样的形式反复自发地产生。正如在遥远的过去，它们就出现在幻象、梦境或出神状态之中……教义就像反映无意识自发自主活动的梦一样……教义延续了无数个世纪，它比科学理论对心灵的表达更为完整。"

教会并不在乎人们是否像新教徒那样真的“相信”，看重的是人们是否“参与教会”。弥撒是用拉丁文[1]念的，与教义一样，经年累月保持不变。做弥撒时，人们可以交头接耳，心不在焉。但是，一旦钟声响起，也就是圣三颂的钟声响起时，所有人就得聚精会神了。甚至周边地区也在分享着这种荣耀。可以说，经过一代又一代的积淀，这里的人们便会“领会”它了。罗马天主教弥撒中却有种神圣的东西：万事万物都在表达着心灵现实，人们从中“获得了领会”[2]。

他向我们谈起耶鲁大学的特瑞讲座[3]。他不喜欢人多，在他看来，大多数人都是人云亦云的人，因此在耶鲁时，他要求在小礼堂演讲。但系主任说，他已经把第

1 《罗马天主教弥撒》直到 1946 年才有英文版。

2 《荣格全集·心理学与宗教·弥撒中的转换象霉》（*Transformation Symbolismin the Mass*, CW Vol 11, Ⅲ）。

3 荣格 1937 年的特瑞讲座内容收录于《荣格全集·心理学与宗教》的第一部分（CW Vol. 11, Part I）。

[编注] 耶鲁大学的特瑞讲座（The Dwight H. Terry Lectureship）创立于 1905 年，每年邀请哲学、科学与宗教领域的具卓越成就的学者，就哲学与科学如何看待宗教，以及宗教如何应用于人类福祉进行演讲，并推出相关的出版品。许多重要的学者如哲学家吕格尔（Paul Ricoeur）、心理学家弗洛姆（Erich Fromm）、人类学家米德（Margaret Mead）、格尔茨（Clifford Geertz）、原型心理学者希尔曼（James Hillman）等都曾受邀主讲，该讲座至今仍持续举办。

一次演讲安排在大礼堂了，因为许多人是出于好奇心来的，以后可能就不会来了，第二次演讲就可以搬到小一点的礼堂。荣格第一次演讲时，大礼堂没有坐满。那里可容纳三千人，结果只坐了约六七百人。当他要求第二次演讲放在小礼堂时，系主任说，必须放在大礼堂。令他吃惊的是，当他走进大礼堂时，发现那里已经坐满了人。第三次演讲，到处都是站着、坐着的人。他说："然而，这些东西非常艰深，他们之中可能没有一个人能够理解，但他们'领会'了。这是一种神奇的悟性。"最后一次演讲结束，离开的时候，他看见端着茶的系主任夫人泪流满面。荣格想，一定是她家里出了什么事。系主任夫人为自己的哭泣感到抱歉，"是的，我明白"。荣格问她是否需要他回避。"哦，不！"她回答道，"虽然我一个字也听不懂，但是，我感受到了它。""这就对了，"荣格评论道，"她领会了其中的东西，就像弥撒那样——不理解，但沉浸进去了。"

1947年夏

1947年6月3日　库斯纳赫特

与荣格谈话。[1] 如果我们想上升，那就必须先下降。（圣·古斯丁）

不公正管家的寓言：他的致命伤在于他非要挽回面子不可。从心理学的角度来看，寓言都是不可思议的。因为懒惰、害羞或无知，我们埋没了自己的天分，不去使用它。

接着，我们谈起了核物理学与三位一体教义中相似的现象：原子是看不见的，就像心灵和无意识[2] 中的东

1　这段对话的原始笔记不完整，这里给出的文本，做了一些文字上的改动。

2　见《荣格全集·心理学与宗教·对三位一体教义的心理态度》（*Psychological Approach tp the Doma of the Trinity*, Cw Vil 11, Ⅱ，

西也不可见。他正在研究核物理与无意识的关系。

关于圣女怀孕：上帝诞生于男人的灵魂。尽管基督是出生在马粪堆上的私生子，但他仍然是上帝之子。这是个具有治疗效果的神话：当人们看到自己的个体经验与更广泛的经验有联系时，他们就不再感到孤独了。[1]

因为病人和写作使他过度劳累，他生病了。他对未完成的任务感到忧心忡忡；而患者的请求又频繁打断他的工作。虽然这种混乱的状态只持续了大约一个星期，但昨天他又感觉不舒服了，不能来见我。

荣格对我说，有个学生问他的教授："你是怎么知道上帝存在的？"教授没有回答，来问荣格。此人是个

---

para. 279），写道："对应于物理学，圣灵就像物质的递减中产生的一串光子，而'父亲'就好比形成正电荷质子和负电荷质子的最原始能量。读者将会看到，这不是一种解释，事实就是这样。因为，物理学家的模型也取决于同样的原型基础，这种原型基础也构成了神学家思考的基础。两者都是心理学的。"

1 在《记忆、梦与反思》的序言开头处，荣格写道："我们内心是怎样看待自己的，从永恒的角度看，人是什么样的，只有通过神话的方式才能表达。比起科学，神话更为个性化、表达的生活更为精确。"在1957年7月15日的谈话中，荣格清楚地表达了他所使用的神话一词的意思：他把神话视为赋予生活意义的中心观念。隐藏在这些简要评述背后的思想，可在《记忆、梦与反思》，第十二章"后期思想"（Chapter Ⅻ, 'Late Thoughts', p.310–312）的结尾处，也可在《荣格全集·心理学与宗教·答约伯》（CW Vol. 11, Ⅵ, prars. 755ff）的结尾处找到。

了不起的传教士，但只会耍嘴皮，没有真才实学。荣格对他说："我喜欢这个问题，你有一个善于学习的学生。"

1949年夏

1949年7月25日　波林根（Bollingen）

就是在这里，就是在这一天，我第一次遇到了维克多·怀特。我到达那里时，他正在湖里洗澡，我也下去洗，因此，我们是在水中相遇的。

茶点后，我与荣格夫妇、他们的一个孙女，还有维克多·怀特神父一起坐在前花园的桌子旁。荣格和我坐在湖边谈了两个多小时。怀特曾看到水里有一条蛇，正当我们谈话时，这条蛇又出现了两次。它约有一码长，相当优美地游着。

我对荣格说起一个患者对我讲的梦：他有一只装满金色水的盆子，里面有金鱼，而他又不得不喝里面的水。一条鱼跳了出来，他又把它放了回去。荣格说，这意味着他的某些无意识已经成熟，就要成为意识了。鱼就像基督一样，是无意识生活的象征。

1949 年 7 月 27 日

我是三点到波林根的，然后洗了个澡。荣格、怀特神父和荣格的孙子西维尔在那儿。澡洗得很舒服。西维尔的水壶架在树枝上烧着。

然后与荣格聊天。因为我提到祖父母对年轻一代的重要性，他便谈到了生活的各个阶段。他不了解他的祖父母。他说，他的祖母 1864 年就去世了。

他继续说到那些始终对死亡怀有恐惧的强迫症患者，这些人想一直停留在青少年时期，永不长大。有些患者（他举了一个例子）甚至会拒绝跟医生握手，因为他们跟死亡打交道。青少年有着远大的前程，他们的任何决定都会影响未来。让强迫症患者做任何决定都非常勉强。他们不想做任何决定，因为做决定就意味着选择一种生活，因而他们对任何决定都犹豫不决。假如非要有所改变的话，他们就会选择逃避，因为任何一种改变对他们来说都是颠覆性的。他们通过生病，让自己停留在不成熟的心态中，从而逃避工作和生活的责任。

他谈到一个女患者：她一刻不停地、强制性地弹着钢琴。她用两只手分别弹奏不同的旋律，直到精疲力竭，过一会又重新开始弹奏。她来向荣格求助。荣格对她说，是她自己不想好起来的，他会展示给她看，看她到时候作何反应。他请她去做一个实验：花一天时间，做一个妻子应做的事——为丈夫做早餐，洗衣服，尽一个家庭主妇的责任。只需要一天！后来，她又来向他求助。“我们的实验怎么样啊？”他问道：“你照做了吗？”“是的，我做了。”她答道。“你犯病了吗？”“没有，根本没有。”“这就对了！”他说道。她回答道：“但做这些太乏味了！”

他又说到一个患有强迫症的男患者。多年以来，他一直依靠一个爱着他的女教师供养，过着放荡不羁的生活。尽管他知道，自己的开销已超出了她的承受力（我认为这个案例出自“现代人”），[1] 他接受弗洛伊德式的精神分析很久了。荣格对他说：“你这是道德上的犯罪。”他之所以感到难过，是因为人都有道德的一面，但他却指责荣格在说教。

1　荣格著《寻找灵魂的现代人》（*Modern Man in Search of a Soul*），第四章。

他继续说起弗洛伊德，并谈到教义[1]对弗洛伊德的重要性。人，只有摆脱了神经官能症多年后，才会知道自己当初的问题。在做精神分析时，患者们回到了早期的童年经历，从而得以摆脱当下的真实处境。这就像一条河：上游只有涓涓细流，随着河水的流淌，河道变深了，而旁边的溪流却干涸了。但如果河流在中途被堵塞，水就会漫回到已经干涸的旧渠里。但是，干涸的旧渠并不是造成这种局面的原因，原因在于河道里的障碍物。当然，病人们喜欢追溯、再追溯，因为这可以使他们摆脱现实的问题，而对童年往事的回忆，总是永不枯竭的。对分析师和患者来说，都可以避开当前面临的问题。

我问："什么治疗方法？"他说："只要你相信一种治疗方法，你就可以用它来治疗一切。比如说，只要你相信，你可以用催眠术，或用拐杖来治疗神经官能

1 见贝纳特著《荣格》（p47-48）："为了防止他（弗洛伊德）认为自己非常正确，并高度评价自己的原创性工作，被神秘主义的乌云或洪水猛兽所吞没，弗洛伊德一再坚持，其教义是必不可少的防范手段。这种洪水猛兽，弗洛伊德有时指的是宗教观念，但更多指的是无意识。对弗洛伊德来说，除了个人无意识之外，无意识本身是没有意义的。因此，可以说，弗洛伊德倾向于用他自己的术语来贬低、战胜或克服无意识。"

症。弗洛伊德非常和善，会让他的患者们分享他的兴趣，这就是想治什么，就能治好什么——其奥妙就在于人与人的接触。你信什么，什么就能治好你。”（弗洛伊德……这就是他的治疗方法或常用的治疗方法——与人接触。）[1]

他谈到了绝对知识：“多么了不起的词啊，绝对！”他用这个词来指涉我们随时会碰到的真正真理。我们与万事万物都有关联，比如说，我们和“那棵树”都是自然的一部分，因此建立起了联系。我们依靠意识，成为了不起的东西，但只有超越意识，我们才能汇入大自然的溪流，进入真正的无意识。

或许我们无法理解患者——我们完全摸不到门道。然而，我们也许会从一个意想不到的来源，比如说，从占星术中找到线索：“我不关心真假，只对事实感兴趣，因为是事实，而且只有事实才能够给我们提供线

1　见《荣格书信》第二卷，在 1954 年 3 月 15 日给卡彭博士（Dr. D.Cappon）的信中，荣格写道：“早在我们现代心理学出现之前，人们就用最令人震惊的方法治好了精神官能症。假如没有技术手段，正是医生的真挚态度和真心帮助病人康复的心愿（治好了患者）……只要你尽力而为，不管你做得好还是不好，或采取哪种技术手段，那么你始终就有可能获得一种成功的治疗方法。只要你确确实实尽力而为就行了。”

素。”他还谈到了《易经》，以及他最近[1]偶然接触到的一种中世纪的直觉占卜法。他补充道，人们只有通过亲证才知道准不准。他说：“有时候它们确实很准，对此我们要有开放的思想。”

1949 年 8 月 12 日

又到了波林根。喝茶完后，我们坐在塔楼的房间。后来，我和荣格在楼上书房聊天。说起不经意的巧合，即无法预料的巧合，他举了个例子：不久前，他梦见了丘吉尔。第二天便读到丘吉尔正好路过瑞士的消息。他补充道，他有两次梦见丘吉尔，每次梦见，第二天就会读到丘吉尔在瑞士或路过瑞士的消息；有一次是 1944 年，丘吉尔去希腊[2]的途中，在日内瓦给飞机加油。

在谈论共时性的时候，他提到对应性这个老观念

1 这种方法指的是沙子占卜，这是一种建立在四位一体“信息”上的古代占卜法：发源于伊斯兰教，后来逐渐传遍了欧洲。冯·法兰兹的《数字与时间》描述了这种占卜过程（*Nunber and Time*, CH7,pl17–119, Northwestern University Press1974）。

2 1944 年圣诞节，丘吉尔飞往阿西娜，与突尼斯的陆军元帅亚历山大伯爵（Field Marshal Earl Alexanderof Tunis）和达马斯康大主教（Archbishop Damskinos）谈论希腊危机。

（斯维登伯格）[1]。他说，时间、空间和因果关系是物理学的基本概念，只要你拥有这三种基本概念就能解释所有问题。但还有一种，即在确定的时间里一起发生的事情。他用镭的衰变打比方：约一千四百年后，镭粒子就会消失。镭以一定的速度持续减少的现象，用空间、时间和因果关系无法对此作出解释。他说，这就好比六十个人一起坐下来吃饭，每个人手上都有一张牌，上面写着他必须站起来离开的时间，一个人起身了，或许是在四点零二分；另一个人是在四分钟后，等等。它们是不规则的，表面看是随机的，于是房子就渐渐空了。镭就是这样，它正是这样"逐渐消失"的。或者，就像窗玻璃上冰的结晶那样，没有两个看起来是一样的。每一粒原子都知道自己的位置，而它们之前都是水，然后

---

1 伊纽曼·斯维登伯格（Emanuel Swednborg）著：《真正的基督教信仰》（*Vera Christina Religio*）。

《荣格书信》第二卷，1952年2月29日给麦斯西斯（John Raymond Smythics）的信里，荣格写道："在我的论共时性论文里，我提出了一个新的（其实非常古老）解释原则，即共时性原理。这个新术语指的是神圣的时间对应性。我用某种方式退回到莱布尼兹（Leibniz）——这个无所不知的中世纪最后一个思想家那里。他通过四种原理来解释现象：空间、时间、因果关系以及对应。很久以前，我们就把最后那个抛弃了（虽然叔本华把它伪装成因果关系，又把它重新提了出来）。我认为不能用因果关系来解释超自然现象。像意念传递、心灵感应、千里眼这种术语是空洞的。人怎么能够想象用因果关系来解释预知事件呢？"

形成非常完美的轴形冰晶，这种冰晶不是（由我们）预先设计的。就像镭一样，它似乎遵循着某些我们一无所知的定律，在自然界中，似乎存在着某种“绝对知识”。

1950年秋

1950年9月12日　波林根

坐在湖边，荣格说，我们需要知识，我们必须知道许多东西，比如说，我们需要知道象征以及无意识内容。当人们面对陌生的，或势不可挡的内在体验时，人们或许想知道自己是不是疯了，以为自己“与众不同”或过于封闭了。不过，当向人们展示体验到的东西，比如说，让他们理解到其中的内容（一部分梦或某个图像的意义）时，人们的忧虑便得到了缓解，孤立感就减轻了。我们必须了解并传授这些知识[1]。在我们谈到阴影

1　在《记忆、梦和反思》第六章“对抗无意识”（Chapter Ⅵ，‘Confrontationwith the Unconscious’）中，荣格写下了一系列记忆深刻的梦，提到这里所列举的经验，譬如，在第一次世界大战爆发前的几个月，那些令他心烦意乱的梦和幻象，以及他梦见齐

时，我说，阴影这个概念令一些人感到困惑。他说，这其实非常简单：在做分析时，无意识首先众集起来的就是阴影。隐藏在阴影后面，远离意识的是阿尼玛（或阿尼姆斯）以及其他的集体材料。阴影可以代表整体无意识（个人和原型内容），或仅仅是背景中的、尚未被辨认出来的、不想要的个人材料。但是，阴影必然会涌现出来并被意识所吸收。这才是问题的关键[1]。

他说，他已经学会了在面谈开始时，除了几句类似“你好吗”之类的寒暄之外，什么都不说，一直等患者开口。因为，在患者和医生之间存在着直觉和原型的关系，况且，我们也不知道医患之间可能会发生什么事。有时候，一些对他来说莫名其妙的话题会在谈话过程中突然冒出来，于是就聊起这个话题，结果却发现，这恰恰是他正需要的东西。举个例子来说，有一天，他开始对一个女医生说起他的非洲之行和蛇的话题。他也不知

格菲（Siegfried）与原始人。这两个例子分别在 1957 年 7 月 8 日和 1956 年 8 月 30 日的谈话中提到过。

1 《荣格全集・艾翁》的第二章“阴影”、第三章“朔望：阿尼玛与阿尼姆斯”（Aion, CW Vol. 9, Chapter II, 'The Shadow', and Chapter Ⅲ, ‘The Syzygy: Anima and Animus’）。
在《荣格全集・转化中的文明・从心理学看意识》（*Civilizarion in Transition*, CW. Vol, 10, Ⅵ, *A Psychological of Conscience*, para. 847）中，他概述了他的原型观念。

道为什么会对她说起这些。但说着说着，就变得绝对有关联了，因为他发现，她对这些事有着浓厚的兴趣。所以，我们需要学会等待，等待让直觉来引导我们。

在谈到患者的梦时，他说，如果人过于内向就会过度地沉迷于过去。“这样的话，他就不大会去期待未来了。这种人需要学会期待——这样才会有新鲜事发生。”

荣格看起来状态非常好。与他的谈话结束后，我与托尼·沃尔夫[1]在露台上聊了一会。在我离开前，她让我去吃午饭。我们燃起壁炉，热了一些咖啡，我把咖啡和一些面包、奶酪带去露台。这里非常安静，营造了一种全新的氛围。

离开时，我路过荣格那里，向他道别。他正躺在躺椅上，阅读我们刚刚结束的谈话笔记。现在，当我坐在正对塔楼的路边河畔，沐浴着灿烂的阳光，将这一切记录下来时，我还能够感受到当时的那种宁静与闲适。

1 [编注] 托尼·沃尔夫（Toni Wolff,1888–1953），瑞士荣格分析师，也是荣格密切的合作伙伴。帮助荣格识别、定义和命名了一些荣格最著名的概念，包括阿尼玛、阿尼姆斯、人格面具，以及心理类型的理论等。

1950 年 9 月 14 日

我们说到了朝鲜，还谈到共产主义。荣格认为，教会有它的“盖世太保”（宗教裁判所）和统治权；世俗权力却总是被滥用，从而使人卑微而贫穷。因而，新的罗马教义[1]也把物质（materia）奉若神明。这就是问题所在，新的教义是四位一体，符合阴性原则。[2]

我们再次谈到阴影。他说：“是的，阴影代表所有模糊不清的东西，它可能是个人的，也可能是属于集体的，我们只有仔细观察才能领会它。”他好像把我们所

---

1 1950 年，教宗庇护十二世（Pope Pius Ⅻ）宣布圣母玛利亚升天的罗马教义。见《荣格书信》第二卷，在 1950 年 3 月 17 日的一封信中，荣格写下了这个宣告的重要性。他认为，这是自宗教改革以来最重要的象征性事件。

2 《荣格全集·心理学与宗教·从心理学看三位一体教义》“关于第四问题”（'The Problem of the Fouth', CW Vol. 11, II, Chapter 5）。冯·法兰兹在其著作《荣格：我们时代中的神话》（C.G.Jung: His Myth in Our Time, p230-231）中说：“诺斯替教派把基督的象征、炼金石、墨丘利和安索罗波斯的意象，都解释为作为整体自然象征的自性，这与教条的基督意象形成了鲜明的对比，后者不包含（或几乎不包含）黑暗，即阴性物质。这是因为肉体复活的意象无法令他们满意，因而很容易理解，为什么中世纪神学家们主要考虑的是，基督肉身与中世纪圣杯传说中基督的血的问题。这也是为什么在宣布玛利亚圣母升天的教义时，所有的讨论又围绕着这些问题展开。通过圣母升天和加冕典礼，天堂中的男性三位一体因加入了第四位女性，而变得完整了。从而代表着真正的总体象征，而不仅仅是一种假定。”

有不理解的东西都说成是阴影：阴影可能是好的、也可能是坏的。他还谈到出现在梦境中的女人的多重含义，阿尼玛的多样性，因为，阿尼玛可能集中了所有男人对于女人的态度。

我问他怎么会想到开始写《心理类型》这本书的。他说，这完全是因为研究弗洛伊德和阿德勒的结果：一个相当外向（弗洛伊德）、而另一个非常内向（阿德勒）。当时，他（荣格）彻底放弃了对职业生涯的追求，这样就有充分的时间去做他想做的事了，他想找到真正在我们大脑里起作用的东西。他认识到，弗洛伊德和阿德勒采取的是两种截然不同的方法。[1]

1950年9月15日

我向荣格问到关于圣诞树的问题。他说，圣诞树是

---

1 《荣格全集·心理类型》（*Psychological Types*, CW Vol. 6.）。

《记忆·梦和反思》第七章"著作"（'The Work', P.198）。

贝纳特著《荣格》第五章"内倾型与外倾型"（Introverts and Extraverts），其中他提到荣格的《论心理分析的两篇论文》（*Two Essays on Analytical Psychokogy*），并评注道："值得注意的是这两篇论文的原创性，它最早提出了集体心灵理论、'对立面'以及心理类型概念。"

[编注]中文版书名《荣格论心理类型》，庄仲黎译，2017年商周出版。

个巨大的象征，因为，它是生长在冬天的生命，基督就是这样的，是黑暗中的光明。不过，树也可以象征其他很多东西，比如，阴茎或无意识。

我问道，对盲人来说，原型概念是什么样的。他说，他没有这方面的经验。确实，盲人也需要表达原型，但很难知道是什么样的形式。比如说，很难解释对于没有视力的人来说，究竟是怎样体验到马或浅滩的形状的。

我们说起康德。他说，他曾引用过康德的话：自在之物。康德具备无意识的观念，并且认为我们并不知道自在之物是什么，我们只有对它们的大概印象。

我们坐在露台上他临时搭起的帆布棚下谈话。

1950 年 9 月 16 日

天冷，于是我们坐进了楼上的房间里。他说起了他的房子。[1] 他的桌上有一盏小油灯，当年他记录联想测试[2] 时，用的就是这盏灯，而只要他待在这里，始终都

1　荣格在波林根的房子。

2　《荣格全集·实验研究·字词联想》（*Experimental Researches*, CW Vol. 2, *PartI, Studies in Word Association*）。这些论文写于 1904 年到 1909 年。

用的是这盏灯：一盏光线非常柔和的灯。他不愿意安装电灯或电话。他建的房子就像中世纪时有着厚石墙和小窗户的房子，这样，当你坐在里面的时候，你就像被包裹起来一样；如果你想看到更多的东西，你可以走出去。说起这些古老事物时，他总是充满感情，而我只关心近代的东西。他说我们应该和事件保持距离。他发现自己很难对刚刚发生的事感兴趣，譬如原子弹爆炸。因此，他需要跑到这儿来，与世隔绝，寻求清静。

他珍惜自己在这里做的一切事：必须做的事，微不足道的工作，做这些事并非是浪费时间。我们做了大量的工作却收获了空虚，这些琐碎的小事却能使我们内心获得康复。

人们太忙了，以致失去了生活，但是，时间节省下来又去做什么呢？活着就活着，最好不要总是那么匆匆忙忙的。

我提到赫拉克利特（Heraclitus）[1]。他说，赫拉克利特知道的东西很多，他就是从他那里学到

1 [编注]赫拉克利特（Heraclitus，约 540–480 BC），为古希腊哲学家，爱菲斯学派的创始人，被称为辩证法的奠基人之一，其理论以毕达哥拉斯的学说为基础，提出永恒的活火、逻各斯（logos，理性原则）、对立统一等概念，作品只有片段方式留下与呈现。

Enantiodromia（物极必反）[1] 的思想的。拥有一种哲学背景并了解认识论的理论是非常重要的。

他还谈到笛卡尔和笛卡尔的梦，这个梦是对笛卡尔片面理性态度的补偿。他在他的一本关于共时性[2] 的书里提到过这一点。眼下，一个瑞士物理学家，从物理学家的角度正在与他一起合作写一本关于共时性的作品。他们一直拿不到收藏在大英博物馆里的一些手稿复印件。他说，这部与物理学家一起合写的关于共时性的著作，将会是他在这方面的最后作品。这需要全身心投入，花费大量的时间。他决定暂停工作一年，除了那些

1　见贝纳特著《荣格到底说了什么》第四章“梦”（Dreams）。关于荣格释梦中提出的补偿性原理，他评注道（p.92）：“荣格……在相当程度上，受到希腊哲学家赫拉克利特（公元前 500 年左右）学术的影响……以及他永恒流动、永远变化之教义的影响。从生到死，从死到生，生生不息。当一种片面的看法产生后，便会不可避免地、自发性地产生一种试图保持平衡的相反观点。赫拉克利特把这种似乎主宰着产生变化的过程称为 Enantiodromia（物极必反），即变成对立面的趋势（enantios 的意思是相反：dromos 的意思是快速运动）。一切都在变化中。”

2　《荣格全集·心灵的结构与动力·共时性：非因果连接原理》（*The Structureand Dynamic of Psyche*, CW Vol. 8, Ⅷ, *Synchronicity: An 4causal ConnectingPrinciple, para*. 937）：“在这方面，笛卡尔主义者犯了巨大错误，‘凡是无法认识清楚的东西，就不存在’。”荣格原打算把冯·法兰兹发表在《永恒灵魂的文献》［*Timeless Documentsof the Soul*, Jacohsohn. Von Franz snd Hurwitz(Northwestern University Press1968)］的《笛卡尔的梦》（The Drean of Descartes）一文收进他论共时性的书里。

非做不可的事。

他告诉我，他妻子在第五个孩子上学以后开始学习拉丁文，以及一些关于自然科学的学科，现在，她可以看所有中世纪的拉丁文文献了。

他常常思考怎样才能读完他所有的藏书。“我从未想过我可以活得这么久，现在我可以读书了。”他提到一个医生，此人除了读医学杂志之外，其他什么都不读。后来他退休了，没有任何寄托——生活空虚，生命已经走到尽头，于是就死了。

说到原型：它们是以本能的方式显现自己的。弗洛伊德认为，把一种我们不了解的东西称为能量是荒谬的，因而他不愿意使用“能量”这个词，而用“力比多”（libido）来代替。我们只能看到能量的外在表现。把性当作唯一的驱动力，是一种毫无价值的想法。说这种话的人是出于无知，什么都不懂。

他说，试图用往事或父母的原因来安慰患者的想法是不对的。问题是他现在病了。如果一人大腿上有颗子弹，他或许会去找开枪的人，但子弹还在他腿里，子弹才是必须解决的问题。仅仅向患者指出是谁开的枪是无济于事的。我们必须思考眼前的问题并解决它。现在是病人患了精神官能症，而不是他父母。

谈起占星术，荣格说他自己并不关心它的真假。对他来说，占星术所有的价值在于，它可以给他提供某些他不知道东西的线索。笔迹学也一样。

他说，他所使用的概念纯粹是假设性的，仅仅是一种假设，如果有更好的，他随时愿意接受。我们并不知道，究竟什么是真的，我们只有尽最大可能地寻找真实。

他穿着厚斜纹布（老式的）裤子和长筒靴，鞋带系得很高，看起来非常厚实，还穿着一件防风衣，围着一条绿围裙。我以为他要去花园干活，谁知道他却坐下来抽着烟，和我聊了起来。

1951年夏

1951年6月20日　波林根

我们坐在露台的帆布棚下。像以前一样，荣格穿着乡下人的衣服，靴子的鞋带一直系到膝盖下，厚斜纹布裤子扎进靴筒；脖子上的围巾甩向一边，毛衣外面披着一件皮外套，戴着一顶旧帽子给人留下了深刻印象。

他向我说起他刚刚凿好的石头。这块石头立在房子旁的基座上，靠近我去年来这里时正在修建的一堵新墙。石头是从湖对岸的采石场运来的。墙角处需要有一块石头来收工，所以石头尺寸的丈量必须十分精确。当荣格看到船里的石头时，他立即意识到，这块石头的尺寸不符合墙的需要，但就在那个时候，他突然怦然心跳，这是多么完美的立方体啊！“这正是我最想要的东西！”他感到这是个奇迹[1]。他把石头放置好，并凿好石头的三个面。正面用希腊文刻下一段铭文和一个小矮人的形象，荷蒙库鲁兹（Homunculus）。右面是为他七十五岁生日写的拉丁文的感恩词：

一块便宜之极的石头

傻瓜们越是瞧不起它

智者也就越爱它

——为纪念七十五岁生日，作为感谢，C.G. 荣格制作了这块石头，并放置于此。1950 年[2]

第三面上刻着中世纪拉丁文的缩写——除非有人懂

---

1 这是因为，在荣格七十五岁生日上，用这块立方体石头象征了他的完美。见《荣格书信》第二卷，第八张照片。从这张照片可以明显地看出，这是一块质地优良的石头。

2 [编注] 原文如下：

Hic lapis exilis extat pretio
Quoque vilis. Spernitur a stultis
Amatur plus ab edoctis.
In Memoriam Natus Di
EIL XXV C.G.Jung
Ex gratitudine fecit et posuit

MCML

得缩写形式，是不可能读懂的。他说，为了读懂一些中世纪文献，他学会了这些词。

随后，他谈起了心理类型，尤其是它们的功能。我问起他各种功能或类型相互之间的关系，以及不同类型的精神官能症。他说，这些都很难说清楚，因为我们的患者中也有内向性歇斯底里症患者。我们也说不清楚为什么精神官能症会是这样。或许有许多种变异，或许与父亲或母亲的家族模式有关。也许某种性格类型或功能的人容易患上某种疾病，但好像也不大可能存在着必然的联系。

我告诉他，有人要我为《英国医学杂志》[1] 写一篇关于他的简述。他说："不管你说什么，都要清楚地表明，我没有教义，我的思想还在发展，没有什么一成不变的东西。"

他继续谈到弗洛伊德所坚持的教义。对弗洛伊德来说，教义是必须的。荣格说，在揭示大脑活动产生的压抑方面，弗洛伊德做了了不起的工作，但由于他坚持教义，结果他把他的教义推广到所有领域，让所有的东西都符合他的理论。拿梦来说：假如一些梦以某种方式

1 贝纳特著《大思想家》（*The Great Thinker*），发表于《英国医学杂志》［*British Medical Journal*(1952), I, p.314］。

不符合他的理论，那么就会用另外一种方式让它们符合。他对弗洛伊德始终怀着敬意，称他为教授。他说，弗洛伊德不具备阿尼玛概念。当我说起古老观念和原型时，他说，弗洛伊德确实知道一些这类观念，但他不会应用[1]。1905年，他曾写信给弗洛伊德，说，尽管压抑（理论）是有价值的，但不能解释所有的事实。除了压抑之外，还存在着自主心灵，即情结，情结是自发性的活动。弗洛伊德不喜欢自主心灵这种观念，但情结就是一个看得见的事实，它确实是自主活动的。[2]

1951年6月22日

我们说起团队时，荣格说，他认为在一个医生团队

1 贝纳特著《荣格》（Chapter 6, P.92）："我们应该记得，弗洛伊德曾说过［见《自传研究》（*An Autobiograpical Study*, p.124）］：他头脑里所拥有的原始部落活动的观念，只是一种'假设，或者说，是一种视野'（后以《图腾与禁忌》的书名发表）。确实，弗洛伊德承认心灵中的非个人特征，但在他的思想体系中，这种观点并不具备观察价值……他注意到了非个人因素，但却一笔带过了……回顾荣格与弗洛伊德的分歧，我们不禁悲哀地想到，假如弗洛伊德遵循他观察到的存在于个人身上的古代积淀，他或许会发现，他与荣格关于集体无意识结论的一致性。"

2 《荣格全集·实验研究·词语联想研究》（*Experimental Researches*, CW Vol. 2, I, *Studies in Word Association*）中，荣格展示了情结的自主性。

里还应该有一些外行人，以保持平衡，这是非常重要的。

他继续说他的会诊。他把与病人的交谈视为一种社交活动。即使一个人患有严重的精神官能症，也应该把他当作正常人来交往。谈到直觉型人时，他说，把某些事写下来并努力付诸行动，对这种人来说非常重要，“否则，他们就像用望远镜眺望远山的人那样，会感到好像身体已经到了那里，但其实没有，还得走到那里才行”。

我问起器官疾病与精神官能症之间的关系，他说，尚不清楚它们之间的联系。他谈到，在自由联想实验中，当病人触碰到情结时，呼吸就会变得急促起来，这可能与肺结核有关。他常常从心理学的角度治疗肺结核，当他们的呼吸获得改善、呼吸变深长时，他们的病情就会好起来。这是因为他急促的呼吸影响了肺最大程度的扩张。而弗洛伊德学派治疗疾病，是让病人盖一条毯子躺在长沙发上，然后他们就真的生病了。荣格不相信长沙发的作用，而是把受到精神官能症困扰的患者当作健康人来对待。同样，假如你掌握了一种教义的话，那么就等于自认从头到尾都了解情况，并用它来解释所有的一切。假如没有教义的话，你就必须去寻找答案来解释，毕竟每个病人都是不同的。因此，精神病理学没那么简单，你不能按照事先想好的想法来套用。

1952 年冬

1952 年 1 月 14 日　库斯纳赫特

与荣格夫妇吃早饭，然后与荣格散步。他说，你与白蚁是无法和平相处的，它们只懂得钻营，最好能够明白这一点。这是一种永无止境、没完没了的消耗。

他正与冯·法兰兹合作研究一份手稿。这是他在大英博物馆发现的一份古本，有好几份副本。其中有一份，为安全起见，战争时期放在了莱顿。她（冯·法兰兹）正在写一篇关于该手稿的评述，将作为辅助读物与荣格的作品一起出版。[1]

1 《曙光乍现：一篇据说是托马斯·阿奎那写的关于炼金术中对立面问题的文献》（*Aurora Consurgens: A Document Attributed to Thomas Aquinas on the Problem of the Opposites in Alchemy*）。玛丽－露易丝·冯·法兰兹编辑并加注，作为辅助读物，收录进《荣格

他告诉我：四十三年前修房子的时候，这里到处都是草坪，道路非常寂静，约有通向房子的那条车道的两倍宽，篱笆墙一直延伸到现在的人行道。拓宽路面时，他不得不牺牲了自己的部分花园。我们走到一个小公园，坐在一个亭子下。有些寒冷，但阳光明媚。

晚上，发表完我的演讲并与朋友们吃过晚饭后，我于十点十五分回到库斯纳赫特。荣格夫人为我开门，说他们都在书房。荣格坐在他平时一贯坐的灯下靠窗的椅子上。他看上去有些苍老，显得有点疲倦，但还是一如既往地充满活力，继续谈论着某个话题。他想知道，《主祷文》里有多少条祈求，因为他正在写这方面的东西（我想他是在为《答约伯》一书做校订[1]）。我说，与其说是祈求，倒不如说是真正的请求或声明，他表示认同：请求是个恰当的词。“给我们每日的面包”，不仅是普通的面包，还是我们赖以生存的东西。他更喜欢

全集·神秘的结合》（CW Vol.14）。

1 见荣格《答约伯》，1954年英文第一版；也见《荣格全集·心理学与宗教》（CW Vol.11, VI）。在其中的第八章提到了《主祷文》的第六、第七条祷文。

杰罗姆（St. Jerome）的译本[1]。他说，英文版《圣经》[2]的语言是非常精彩的，还有苏黎世的《圣经》，译得也非常棒。他给我看一份印有多种语言的教宗谕告[3]，还有一份十七世纪巴洛克风格的拉丁文文本；他说我应该也拥有一份副本的，因为它实在太有趣了。

这是一幅相当感人的画面：灰头发的荣格跷着脚，坐在椅子上，讨论着拉丁文印刷本，荣格夫人站在他身后，脸上不时露出愁容。

1952 年 1 月 15 日

早上与荣格一起散步，谈论起无意识的问题。吃早饭时，他说，患者们的画多有价值啊，因为这些画给我们提供了无法直接获得的无意识知识。我们无法直接观察到无意识，只能被它吸引。就像珀尔修斯砍下女妖头

---

1 《荣格书信》第二卷。在 1954 年 9 月 7 日，致陆斯夫人（Cécile Ines Loos）的信中，关于祈求每日的面包，荣格说："……在《马太福音》第六章，第十一节中，是这样写的：'Panem nostrum supersubstantiate da nobis hodie'（赐予我们，今天生存所需的面包）。至少，圣 · 杰罗姆（St. Jerome）翻译所依据的希腊文是这样的（仅见于《马太福音》）……"

2 《圣经》权威版。

3 关于圣母玛利亚升天的声明。

的传说那样：他只有看到女妖，才能砍下她的头，因而他把盾当作镜子，借助于侧面的反光，挥舞着镶钻的剑砍下了美杜莎（女妖）的头。

他说，原始人是始终处于无意识中的。他在非洲与埃尔贡山的土著人在一起的时候，他让他们做任何事，都必须用非常戏剧化的表达才能使他们明白。[1]

说到科学的三条原理：时间、空间和因果律时，他说，还需要第四条原理，即共时性原理。它也是一种原理。就这个问题，他正与一个物理学家合写一本书，还没有出版。

他说他的通信来往实在"太多"了，假如一一回复的话，将会耗去他所有的时间。

1952 年 1 月 16 日

与荣格一起吃早饭。阳光明媚。饭后，一起出去散步。荣格再次与我谈起他那个梦见中世纪房子的梦，不过，这次谈话的方式有所不同。梦境如下：

1　荣格写他在非洲的经历及印象的评注，在《记忆、梦和反思》（p.238ff）做了扩充。又见芭芭拉·汉娜《荣格：其生平和著作》（p.170–178）中的描述与评注。

我在一幢房子的二楼，它布置得有些像我的书房——一种十八世纪风格的房子。我必须去看看楼下有什么：漂亮的老式楼梯。一楼放着十六世纪笨重但漂亮的老家具。我想："这太好了，我不知道这里是否有地窖——我感觉可能有。"果真有。我走了下去：墙皮剥落，墙壁裸露，露出里面的罗马砖。地面是用石头铺的，角落处有一块带环的石头。我拎起环，搬开石头向下看，下面是史前遗迹：骨头、骷髅和旧陶器。[1]

他做这个梦的时候，正是他与弗洛伊德一起访问美国克拉克大学期间。他把这个梦告诉了弗洛伊德，弗洛伊德说，这肯定意味着他想摆脱什么人。弗洛伊德坚持自己的看法，接着说："噢，这肯定意味着你想摆脱你的妻子。"讨论过程中，弗洛伊德对梦里出现的其他东

1 见贝纳特著《荣格到底说了什么》（p.73）。关于这个梦，贝纳特还写了一段文字作为脚注："1951 年，荣格对我说起这个梦，并于 1961 年发表了这个梦［贝纳特著《荣格》（p.86–87）］。荣格读了这本书的打印稿，并增加了一些评注，包括一两个口头修改。例如，他加上这句话，'在我的房子里'，并说明加上这句话特别重要，因为这表明，他等同于房子，房子代表着人格的外在方面，即他人所看到的方面。但在这个梦里，房子的内部却是不熟悉的东西。1963 年又重新发表了这个梦境［见《记忆、梦和反思》（p.155）］。除了文字与这里的描述有所不同，意思是一样的。"

西都视而不见，只注意到骨头和头骨，他将它们与某人的死亡联系了起来。弗洛伊德只从他自己理论[1]的角度来看待这个梦。

弗洛伊德受困于自己的理论，以此作为防御，只有贬低一切，才能使自己处于优势地位。因而，对弗洛伊德来说，精神仅仅是性。他可以解释所有的事。他让荣格保证："答应我，你会支持关于性的教义。如果我们没有教义，神秘主义的洪水猛兽就会卷土重来，把我们吞没。"

弗洛伊德主义者们全都饱受 folie a deux（感应性精神病）之苦，把所有一切都简化为其他的东西。与此相对的是荣格的集体无意识观念：一种独立的、更宽广、更伟大的存在。

坐在凉亭，他告诉我，当他（对弗洛伊德）讲完中世纪房子的梦时，"就在那个时候，就在那一刻，我产生了集体无意识的思想"。

他说，1930 年以前，他反复梦见他的房子旁边有一间新偏房，一间堆满了美妙手稿的可爱房子。那时候，他一点也不知道这个梦是什么意思，但是，当他开

1 如果想更深入地理解这些谈论的话，可参见《人及其象征》（*Man and His Symbols*, P.56–58）中，荣格对这个梦的评注。

始研究炼金术时，他发现，那个一再重复的梦[1]已经预言了这一切。他说，他做的梦都有类似的性质，他会梦见他将要写的东西，就像这个中世纪的梦和集体无意识观念的梦。

1952年1月17日

在我们谈论梦与疾病时，他说起一个患有肌肉萎缩症的女孩。做咨询时，他问起她的梦。她有两个梦：在其中的一个梦里，她的母亲把自己吊在房子中央的大吊灯上，身体摇来摆去；在第二个梦里，一匹马发狂了，闯进房子，然后沿着走廊狂奔，跳出了窗口。

母亲是生命之源，而马象征着生命原则，因此荣格感到这个女孩的前景不妙。他说，她不是精神官能症患者，她有病，这个预兆非常糟糕。果然，不久她就死了。

他在一个美国的男性患者身上也看到了类似的问题。这个男人梦到他父亲死了，而实际上，这个梦意

1 见《记忆、梦和反思》第七章“著作”（Chapter VIl, p.194）。也可见玛丽－露易丝·冯·法兰兹所著《荣格：我们时代中的神话》“墨丘利”（Chapter X, 'Metcurius', p.202）。

味着他自己将会死去——“我和我父亲是同一个人”。有一天，他抱怨他的喉咙有些疼痛干涩。荣格认为问题可能出在他的心脏。他亲自检查了此人的心脏，随后，把他送到了心脏病专家那里。但专家认为没问题。荣格对这个诊断结果很不满意。他说，当他把患者送到专家那里时，专家或许在想：“哦，又是一个神经过敏的人！”他又把患者送回去做第二次会诊，荣格对他说，如果专家认为他的心脏没问题，就让他把诊断情况写下来。他照荣格说的做了。做完诊断后，就在回家的路上，这个人倒地身亡，衣兜里还放着他的无病诊断。他其实患有主动脉瘤，而专家却没发现。

昨天，荣格谈起俄狄浦斯情结，他说，弗洛伊德曲解了这个故事。当俄狄浦斯杀死他父亲的时候，他并不知道这人是他的父亲，对他来说，他只是杀死了一个他遇到的人。他的整个教义都是建立在这种曲解上的。

下了一夜的雪，清晨，当我们出去散步时，阳光普照，但依旧寒冷。荣格戴着他的皮帽子。不久，雪又下了起来。

这天下午，荣格的家里来了五个学生。他们要求过来与我讨论病例。我跟他们见面前，荣格已经在书房和他们聊过一会儿了。随后，我和他们一起交谈，荣格夫人来了，并加入了谈论。很快，荣格也来了。结果我发现，最终他妻子和我，还有五个学生都成了荣格的听众。荣格没有坚持到谈话结束，待了约半个小时，参与讨论完我患者的绘画之后，就离开了。

晚饭时，我们说起这次谈话，还说到其他病例。针对其中一个患者，他说："随他去，看看无意识怎么说。"接着又补充道："我经常感到无比欣慰，因为我没有把自己打扮成救世主。"

1952 年 1 月 18 日

弗洛伊德的心理学是精神官能症心理学。它建立在患者的基础上，患者们也喜欢有人可以用一种理论解释他们的麻烦。

在对待身体方面的疾病时，你从来不会认为只有一种病因，你必须根据当时的情况去处理。一味地寻找父母的原因而去指责父母是无济于事的。为什么不把父母亲也当作患者呢?

关于弗洛伊德的抗拒教义：当荣格反驳他时，他说荣格"不过是在反抗我"。但情况或许并不如此。如果我们坚持说，这不过是反抗的话，人们就泄气了，不再表现激动了。不过，精神官能症的表现是好斗，这不是一件坏事。有时候，为了给治疗增加活力，比如说，当病人情绪过于稳定时，荣格不得不重新激发患者的精神官能症状。

我提出了投射的问题。他说，“噢，它们随时都会出现，我们得有心理准备。医生一旦被卷入这种情景，就要做好被伤害的准备。没有疾病，就没有健康；没有罪恶，就没有善良。”

他提到一个不和人说话的病人，他问她：“你怎么了？你为什么不把想说的话说出来？”她要了一面镜子，看着镜子里的自己说，在她来见他之前，她一直在候诊室照镜子。她是分裂的，为了知道自己在哪里，她必须照镜子。

当人们滔滔不绝地说话时，这是因为他们不想形成固定的观点，这时候，他可能就会让他们继续说下去。有一次，他遇到这样一个病人：荣格在她讲话的时候睡着了，还做了一个梦，病人一点也没有察觉到，他告诉了她。她说：“啊，真的！”但马上，她又开始喋喋不休地自说自话了。“这太令人吃惊了，”荣格说，“有些人是多么自我陶醉啊。”

犹太人的心理学与他们的智力能力有关，而另一方面，又与他们的本能和经历的苦难有关。他用拉比和他学生们的故事加以说明。在拉比的课堂上，学生们对他的话言听计从。他说：“会叫的狗不咬人。”学生们都表示赞同。不久以后，他们去了一个农场，狗跑出来冲他们狂吠。拉此赶紧卷起裤管，与他的学生一起跑进树林。“但是，”学生们说，“你不是对我们说过，会叫的狗不咬人吗，你为什么逃跑呢？”“噢”他回答道，“说得对，但狗可能不知道这句话。”荣格补充道：“所以，假如你拥有了一种理论，你就必须对其他的东西置若罔闻！”

早餐时，他说起了占星术（他的一个女儿对此感兴趣），以及因为他支持星相算命而批评他的德语书。有人写信给他说，星相术无法获得证实，都是胡说八道。他回答道：“这一点，我一直知道。”他继续道：“它就像‘雅典娜的猫头鹰’那样，告诉我它不能被证实有什么意义呢？当然不能了！我想知道的是它为什么有效，因为它的有效性是那么令人吃惊。就像《易经》那样，如果你愿意，你也可以说它都是胡说八道；但假如它算准了，你又怎么解释呢？当然不可能每件事都能够被证实了，但有可能存在着另一种真理：或许它就建立在某种我们不知道的基础上。所以，假如我们理性的话，我们就会说，我们不知道它是如何起作用的，但它无疑能够惊人地洞察到事物的本性。”[1]

医生们关心的不是大脑，而是灵魂。教堂也如此——我们不得不成为可怜的罪人，抛弃自我而接受可能会拯救我们的教条。

他说起作为自然科学分支的心理学，或作为医学的心理学。当食物进入胃里时，内科医生必须知道发生了什么，对大脑也应该如此。因而，昨天的座谈会讨论我患者的绘画时，他提出这样的问题：“从这些画里，你希望无意识做些什么呢，有没有听说过该患者有解离病史？”回答是：作为补偿，我们会发现以后的画与第一

1 荣格著《人、艺术与文学的精神》（*The Spirit in Man, Art, and Literature*）。《荣格全集·纪念卫礼贤》（Cw Vol.15, Ⅲ, *Richard Wilhelm: In Memoriam*, p.82）：“事实上，从一个人的出生资讯所显示的占星术相对有效性中，相当准确地再现他的性格，这是可能的，然而，必须记住，出生日期与实际的天文星座并没有绝对的关系，而是建立在一种武断的、纯粹是构想出来的时间体系上的。这是由于岁差的缘故……（使得）占星术的黄道十二宫中，每个计算出的星座，不再对应于实际的天体星座。假如在实践中，由占星术判断出的性格准确的话，这并不能归功于行星的影响，而归功于我们自己假定的时间特性。换言之，在特定的时刻，不管是出生，还是做什么事，都具有这一时刻的特性。”

幅画是有关联的，这是一种必然的反应[1]。我们让患者画画，是为了让他释放一些东西，让我们看到无意识正在做什么。

1　这篇贝纳特医生出访苏黎世期间在荣格学院所做的演讲，后来发表在《荣格分析心理研究》（*Studien Zur Analytischen Psycholigie C G.Jungs*）上。1955年，当荣格八十岁诞辰时，作为礼物送给荣格的《纪念文集》收录了该文。它的题目为“双重性”（'The Double', Vol. I, p.384ff）。

1955年冬

1955年1月21日　库斯纳赫特

下午四点半到达苏黎世车站，见到荣格夫妇。在库斯纳赫特与荣格一直聊到吃晚饭。我说起精神疗法，他提到一个看起来毫无希望，“本该”死去的癌症患者，但后来他的病情却没有明显恶化。

关于催眠。我问道，弗洛伊德放弃它，是不是因为他无法对强迫症患者实施催眠？荣格说，他不这样认为。他认为弗洛伊德具有探究精神，不喜欢盲目地工作（荣格自己也如此），因而开创了精神分析。

荣格说，他曾一度大量使用催眠术，他的上司[1]让

1　尤金·布雷勒（Eugen Bleuler），苏黎世大学精神病学教授。1900年，当荣格进入伯格霍兹里医院工作时，任主任。

他这么做的。但是他没有取得其他人所声称的成果，比如说，对催眠的各个阶段做过详细描述的老弗雷尔[1]所取得的成果。荣格通过住在弗雷尔（那时他已退休）家附近的一个年轻同事见过他，问他是如何测试深度催眠的。弗雷尔勃然大怒："测试？多么无聊的问题啊！你怎么可以因为要'测试'深度，而吵醒或打扰催眠中的人？！"也就是说，弗雷尔并没有测试过他们，只是猜测而已。

弗雷尔曾对伯格霍兹里（Burgholzli）[2]的老看门人实施过催眠。荣格就这事问过看门人，他告诉荣格，他从来没有真正进入过催眠状态。确实如此，看门人并不相信催眠术。

另一个相同的例子是荣格的母亲。她对荣格说，催眠术大多是胡说八道，荣格回答道："噢，不，我演示给你看。"他让她伸开手臂，然后说："现在，你放不下来了。"她说："不可能，我可以放下。""好吧，那你就放下吧。"她说："不行。我没有被催眠，但我就是不想放下来。"荣格的妻子和妹妹都在场，她们都

1 奥古斯特·弗雷尔（August Forel），布雷勒在伯格霍兹里医院的前任。

2 ［编注］苏黎世大学伯格霍兹里精神专科医院当时可谓精神医学圣堂级的机构，也是荣格早期崭露头角之处。

笑了起来。然后，他又抬起母亲的一条腿，使之与地面平行；他让她手臂向上举，腿向外伸。然后不让她动，直到荣格让她动她才能动。尽管这样，可她仍然坚持说，她没有被催眠。

老弗雷尔常常把一群病人集中在一个房间让他们睡觉。他们都睡了（或装睡），然后，他会离开他们一会儿，当他们听到他回来的声响时，他们又会假装睡着。每当老弗雷尔走进南锡[1]的伯尔尼海姆（Bernheim）诊所时，钟声就会响起来，病人们就会马上去睡觉。

催眠术的局限在于，你使病人们失去了主动性，这有点像（弗洛伊德的）精神分析。

不预先知道全部答案，这是非常重要的。通常我们是不知道的，如果我们什么都知道，那反而不好，因为让病人自己发现答案更有价值。病人不应该依赖医生，

1　十九世纪中叶，随着诸如詹姆斯·布雷德（James Braid）等人的工作成果的发表，在法国激起了对催眠现象的兴趣。正是利贝尔特（编注：Ambroise-Auguste Liébeault 被认为是现代催眠治疗之父）独立地得出了催眠现象纯粹产生于主观的结论，并从他的工作中发展出了现代催眠术。1864 年，他创建了著名的“南锡学派”。然而，他和他的追随者并不承认这个“学派”，他们的观点分歧很大。利贝尔特一直默默无闻，直到十九世纪九十年代，他的贡献才获得“南锡学派”的主要代表伯尔尼海姆的承认［《催眠术历史、实践和理论》，米尔恩布拉·姆韦尔著 (*Hypnotism, it's History, Practice, and Theory*, by J. Milne Bramwell)］。

因为这样会使他们变弱。在咨询时，医生应该把病人当作正常人，与他们正常交往——当然，应该考虑到他们的精神官能症或问题所在，但这并不是他们整体状态。当一个人总是看到别人的过错时，这意味着他本身就不成熟，他是把自己劣势的一面投射给了他人。妒忌始终意味着，我们看到别人做了我们应该做，但由于自己的懒惰或能力不足而没有做成的事。批评他人总是更为容易。

他说，太多的人痴迷于时间、地点和因果关系的重要性。可是，有很多事情并不适用于这种观点，比如说，预言性的梦：这种梦应该被记录下来，然后，或许是几个星期之后，这种情形就会在真实生活中出现。这是因果关系吗？但是，人们还在用这种方式来解释déjà vu（似曾相识）的案例。

1955 年 1 月 22 日

午饭后谈起《答约伯》[1]、人们对它的回馈，以及欣赏它的人。他举了一封引起他注意的来信为例，这

---

1 荣格《答约伯》，1954 年英文第一版。又见《荣格全集·心理学与宗教》（CWVol.11, VI）。

封信是黑森林的一个女修道院院长写的，就像一封来自十三世纪的信：这封信在过去是有价值的，因为她知道，让圣母怀孕是上帝的旨意。许多都是负面批评。他补充道，他从来没有获得过好评，但就像叔本华说的那样："我知道，读过我作品的人，还会再来读。"他说："因为我知道我的出版商对我说的话。"

1955 年 1 月 23 日

早饭后与荣格谈话，我们走进了公园。他又说起他已出版的关于共时性的书。[1] 科学家们无法理解共时性，但它其实很简单。平均值是统计学上的真理，这只是一种概念；而它恰好暗示着，肯定会有例外，在一般的空间、时间和因果关系规律之外，还存在着各种例外。一些非因果关系事件所具有的特征不仅仅是偶然的聚合，而是有意义的巧合，他把这类事件称为共时性事件。他提到有个目光短浅的人，这个人把他（荣格）写的共时

---

1 荣格与泡利（W.Pauli）合著《自然与心灵的诠释》（*The Interpreration of Narute and Psyche*），1955 年英文第一版。这本书由荣格撰写部分"共时性：非因果连接原理"（*Sychronicity: An Acausal Connecting Principle*），也见于《荣格全集·心灵的结构与动力》（CW. Vol.8, Ⅷ）。

性作品拿给一个统计学家去检验。他说，这本书不严谨，这涉及统计学真理。他又问荣格是否相信占星术，因为荣格在书里提到了占星术。荣格说，对这种概念，不需要去“相信”它——他只不过注意到，有时候它们有相关性。科学家们用统计学真理来描述常态：而它的预设前提是，在他们的概念中预先已经排除了极端的非正常状态。他举了一个例子：测量河床里一平方码中的所有石头，并算出它们的平均值——比如说平均值是六英寸，那么，六英寸就是石头的“正常值”。而许多更大或更小的石头就不是“正常值”的石头。那些无法用时间、空间和因果关系描述的事情同样如此。再比如说，预言或应验的梦，这些也不属于正常范围，所以被他们嗤之以鼻。

我问到在他和弗洛伊德一起去美国之前，他们去不来梅（Bremen）的事。当时，因为荣格想去看保存在铅窖（那是存放教堂屋顶铅板的地窖）里的尸体，以及另外一些保存在土里的尸体，弗洛伊德很不高兴。因为弗洛伊德认为（并且说了出来）这么做是“你希望我死”。但这只是他自己的想法。午饭时，就在他们谈完这些令他心烦意乱的尸体后，弗洛伊德当场晕倒。在慕尼黑的时候，他又再次昏倒，这件事是琼斯说的[1]。荣格说，琼斯不知道他和弗洛伊德说起过阿蒙诺菲斯四世[2]，因为那时琼斯还不会说德语，总之他跟荣格从来没有说过德语。琼斯也去了克拉克大学，参加了弗洛伊德和荣格的演讲。

我告诉他，由于权势的挤压，我已辞去分析心理学会的职务。他说很多年前，他在俱乐部[3]也做了完全相同的事，在他离开那里八个月后，他们又"请求"他回去。他认为我做的完全正确，这是我唯一的选择，哪里都有打自己小算盘的人……他接着说，人们总是看不清自己正在做些什么，即使到了今天，德国人还在为战争指责英国。他们说，他们打英国是因为英国没有进攻他们，假如英国开战，他们就会停火。他跟我说，

1 见欧内斯特·琼斯（Ernest Jones）著《西格蒙德·弗洛伊德：生平与著作》"异见"［*Sigmund Freud: Life and Work*, (Hojrth Press, Lodon 1955), Vol. II, Chapter V, 'Dissensions', p 165］。

2 这里的讨论指的是阿蒙诺菲斯四世（Amenophis IV）毁坏他父亲坟墓的事。弗洛伊德将这个行为解释为他对他父亲的否定态度，然而荣格却指出，许多法老都会改造或者再次使用他们先辈为自己建造的坟墓，这是一种普遍接受的风俗。退一步说，清除"阿蒙"（Amon）的名字的破坏行为也是出于宗教的理由。在《记忆、梦和反思》第五章"西格蒙德·弗洛伊德"（Chapter V 'Sigmud Freud', p.153），荣格讲述了这件事及其意义。

3 苏黎世心理俱乐部，成立于 1916 年。

在战争一触即发的时候，有个人整天在莱恩桥（Rhine bridge）上看英国飞机。飞机没来的时候，他说："现在我们可以走了！"就像一个淘气的孩子为他们想做的事找借口一样。因而，在他们自己的眼里，德国人是无可指责的，因为假如英国人开战，他们就会停止进攻！当被问到集中营时，他们推得一干二净。德国，这么大的一片土地，全都变得毫无人性。

1955 年 1 月 24 日

与荣格一起开车去格里芬（Greifensee）。我们沿着湖的另一边，兜了一圈去拉珀斯维尔（Rapperswil）。格里芬是我们停车的第一个村庄，我们在那里的一座古堡外看了看，然后开车去乌斯特看修复好的罗马城堡。天气很冷，荣格一点儿也不觉得疲倦，兴致勃勃地指指点点。他说起罗马人在修建堡垒时是怎样选址的：他们先是围绕着这块地犁出一个圆圈；在圆圈中心挖出一个洞（基座），这是在他们开始修筑要塞前给土地神献祭的地方。

在拉珀斯维尔，我们围着一座方济会修道院散步。我问起会给动物治病的罗伯特神父。荣格对他十分了解，但从来没有见过他，他刚过世不久。荣格对我说起他有一次是怎样治好一头生病的小象的。一个非常有名的马戏团总是在拉珀斯维尔过冬，其中就有这头两三岁的生病小象。当地的兽医怎么都治不好；叫来其他地方的兽医，还是治不好。随着这头象越来越虚弱，大家的忧虑与日俱增。最后，就在瑞士所有兽医都一筹莫展的时候，他们派人请来了罗伯特神父。他和小象在一起待了一个半小时，他凝视着大象的眼睛、轻轻地拍打它。“不行，”他说，“魂已经走了，它没有反应。”他一直盯着它的眼睛，拍它，对着它的耳朵说悄悄话。荣格另外补充道：“对着动物的耳朵低语总是一种行之有效的办法。”罗伯特最后又看着大象说：“现在好了。”而它真的就好了。[1]

这个地区的人大部分是新教徒，但他们却去天主教修道院给他们的牲口看病，因为他们自己教区的牧师已经“没有任何魔法”了。方济会保留着人畜之间亲如兄

1 芭芭拉·汉娜小姐在评论被治愈的大象时补充道，这头大象是在马戏团出生的，从来不知道大自然的自由。由于人们长时间对它的控制，使它的生命受到了限制，结果它生病了，病倒了。这头大象仇恨人类。罗伯特神父是第一个真正与它接触并交流的人。这么做的结果，使得大象与人建立起了联系，从而使大象又重新接受了它的生活环境。就是这种东西治好了它，让它活了下来。

弟的传统，如果他们的母牛生病了，不出奶或无精打采，农民就会去找修道士。农民给修道士五个法郎，“因为，”荣格补充道，“即使是虔诚的方济会修道士也要生活的啊。”修道士让他在纸上写下母牛的名字。农民对他们的母牛呵护备至，给它们取了最有魅力的名字，长得最漂亮的通常叫做维纳斯。修士们把一张纸条塞进袖口，过一会，他说，“好了，你的母牛明天就会出奶”，果真如此。拉珀斯维尔修道院以治疗动物而远近闻名。

我问他怎么看待这种事，是怎样达到治疗效果的。他说，这很难说，不过他认为，至少部分认为，不管怎么说，农夫把他们的牛牵到神父那里，确实是非常隆重的事，每个人都会严肃对待。这样做，会使得农场的氛围更加祥和。他说，母牛对氛围是非常敏感的，如果农场有什么骚乱或争斗，它出奶就有困难。所有问题到了神父那里就解决了，农夫的心情平静了，这对母牛是有利的。

他提起他们波林根那里的一个巫医，他也给母牛治病，他知道母牛在骚动的氛围下会有什么样的反应。一次，一头母牛不出奶，农夫去咨询巫医。他问，是谁挤的奶，农夫说，是他自己挤的，但平时是她妻子挤奶。

“那你挤奶时必须穿上一条裙子。”巫医说。农夫照着巫医的话做了，效果非常好。还有一个类似的例子，有个农夫用电动挤奶机（之前是由妇女挤奶的）时，母牛不出奶。他向巫医求助，巫医回答说：“让那个用电动挤奶机的男人穿条裙子。”他照做了，立即挤出了满满的奶。变化会打乱它们的生活，它们已经习惯了牛棚里的妇女。

午饭是在拉珀斯维尔车站吃的自助餐。荣格说起积极想象[1]，他尝试着教一个学生，但没有成功。他对此人说，他应该像运动员看着靶心一样盯着内在意象：不要去移动它，而是随着它动。于是此人看到一幅画面：在一个悬崖峭壁，一头羚羊无比安详地站在那里，然后，羚羊转过头凝视着他。他感到害怕，跳下床跑到了他妻子那里。有一部分大脑是自己活动的。这个人无法面对无意识，干脆逃开了。后来，他成了一名纳粹分子，像其他人那样，被卷进了德国人的集体疯狂无意识

1 在“《黄金之花的秘密》（*The Secret of Golden Flower*，卫礼贤译，1931年英文第一版，p.90–92）的评述”中，荣格描述了他称为“积极想象”的过程。该评述也分别发表在《荣格全集·炼金术研究》（*Alchemical Studies*, CW Vol.13, I, paras.20–24）。又见于荣格所著《心灵的结构与动力》之“超越功能”（CWVol.8, 'The Transcendent Function', paras. 167–174）。

之中。

在交谈中，我发现荣格非常敏锐。如果我哪里说的不清楚，他绝对会当场刨根问底，直到把细节都弄得非常精确为止。

1955 年 1 月 25 日

早饭时，我提到那些难以记住的梦。荣格微笑着说，他也在思考这个问题。“也许是无意识想放弃它们，感觉不需要再进一步探索了！”不过，他又补充道，“也有可能是因为我们已经领会到了，任何一点可能或必要的修正都不需要了。”

我们得到了我们寻找的东西，其他不需要的东西就会视而不见，就像挖煤的时候，看到铀也把它抛进垃圾桶一样。其他事情也是这样，比如说，在诊断精神病症状时。

午餐时我们谈起团队治疗。他说，团队治疗有利于处理社会因素，这就是为什么他成立了苏黎世俱乐部。但他说，团队治疗不能取代个体治疗，男人和女人都应该由异性对他进行心理分析，也可以由同性来做（因为男人无法把男人的阿尼玛完全聚集起来，或女人无法把女人的阿尼姆斯完全聚集起来）[1]。社会层面的治疗是需要的，这是个体治疗或个体分析无法提供的。

1955 年 1 月 26 日

宁静的早晨，大部分时间是我一个人。

午饭后，与荣格，和回来喝茶的芭芭拉·汉娜出去兜风。弗赖医生（Dr. Frey）来吃晚饭。吃完饭后，她和荣格夫人一起去苏黎世参加一个会议。

因而晚饭后，荣格就和我一起去了他的书房。像往常一样，他坐在靠窗的椅子上玩单人纸牌。他说他喜欢这样，因为这可以让他回味一天来发生的事，也可以让他思考其他一些问题。我在光线暗淡的书桌旁坐下。万籁俱寂，除了他玩牌的声音和我钢笔的唰唰声……

想不到荣格又开始聊起《答约伯》，并对我讲述起这本书来。《旧约》和《新约》中的宗教，谈的既是天体演化论，同时谈的也是心理问题。（德日进[2]不会同

1　见《荣格全集·艾翁》“朔望：阿尼玛与阿尼姆斯”（Aion CW Vol.9, part II,（Chapter III, 'The Syzygy: Anima and Animus'）。

2　皮埃尔·泰亚尔·德·夏尔丹（Peierre Teilhard de Chardin, 汉名：德日进）遗著：《人类现象》（*The Phenomenon of Man*），出版于 1955 年。

意这种说法。）作为天体演化，它显示的是意识从无意识中演化出来的过程（这是对思想演变的精彩评述）。耶和华是古老部落的神，因而也是残忍的。他必须代表一切，同时他必然会看到自己的残忍：他要让人自己产生意识——因而，人对他来说是绝对需要的。天父得献出基督和他的血，也同样如此。“在此之前，怎么没有人看到这一点并提出过呢？”他问。接着，他自己回答道：“就像安徒生童话[1]中的两个‘骗子’那样，带着一件长袍来见国王，他们对国王说，‘只有从来没有撒过谎的人才能看见它’，国王撒过谎，他看不见，但又不能说出来，因为这会出卖他自己。在公开场合，没有一个人能看到这件袍子，也没有任何人敢于承认看不见，直到一个被父亲抱在怀里的小男孩大声叫了出来，‘噢，看哪，那个人只穿着衬衣！’”“我喜欢这个小男孩”荣格说，“因为我把我看到的都说了出来。”

现在读《圣经》的人里面，有许多人是不相信《圣经》里的故事的，但他们还是在读。耶和华是古老观念的说法是不好的，这只是从心理学上说的。人们指责他（荣格）的地方，也在于此。说他没有读过“高等批

---

1 安徒生：《国王的新衣》。

判”（Higher Criticism）[1] 也不好。他只读《圣经》，如果他理解得不对，人们会看出来的。近两千年来，高等批判的细节从没有对发行的《圣经》造成丝毫改变。“我很沮丧，”他说，“医生们不想审视或批评这本书，而神学家们又不说出他们的想法。”

他说，教宗[2] 是个非常有魄力的人，荣格很喜欢跟他见面，但这种见面没有多大意义，因为他（荣格）不想改变自己的观点，教宗也不会。不可能因为荣格写了《答约伯》，人们就说他不是个基督徒，因为，他写的所有东西都可以在《圣经》里找到，一目了然。

他说起了作为集体无意识精神的圣灵。

他身材伟岸地站在屋子中央，激情洋溢，滔滔不绝——很难相信，他已经快八十岁了。

1955 年 1 月 28 日

早饭后与荣格散步。提到罗伯特神父治疗母牛的

1 [编注]“圣经批判学”分为高等批判、低等批判，后者着眼文字本身的构成和含义，即文本批评，高等批判着眼于考察《圣经》各个章节的作者、写作日期以及写作地点等，基本上已扬弃“圣经无误论”，挑战传统教会对《圣经》所赋予的绝对权威。

2 教宗庇护七世。

事，他说起另一种可以置人于死地的“钉”术。（钉：把一颗钉子钉进树心，树和树的主人就会慢慢地死去）。他说，瑞克林［苏黎世的法兰兹·瑞克林神父（Dr. Franz Riklin）］曾告诉他，他的一个病人曾钉死了他父亲。父亲种了一些果树，儿子用尽全力把钉子钉进他父亲最喜欢的一棵树里。儿子每天悄悄地看他父亲走到树旁看着这颗钉子，而儿子日复一日地把钉子钉得越来越深。三个星期后，父亲死了。儿子由于内疚来找瑞克林看病。

他又提到以前说到过的那个波林根的巫医。曾经有个人生病了，前来向他咨询。他找不出这个人的病因，但发现有人“钉”了他。巫医是个大个子，他找到那个钉他的人，让他把他带到那棵树那里，拔出了钉子。患者不久就痊愈了。

散步后，与荣格愉快地出去兜风。我们来到迈伦（Meilen）高地，脚下薄雾缭绕。在那里，我们可以看到整个瑞士中部地区都在阳光普照之下、雾霭缭绕之中，还有脚下的雾海。荣格指给我看环绕着桑迪（Santis）的皮拉图斯山（Pilatus）、瑞吉山（Rigi）、少女峰以及许多其他山脉，还有脚下苜蓿湖（Lakc of Lucerne）的位置，以及楚格（Zug）和苏黎世。我们大约可以看到六七十英里的范围，太阳下，感觉十分温暖。

我们在山上谈到瑞士保留下来的古老观念。他说，在瑞士法语区有父代母育的风俗（the couvade），可能至今还保留着：妇女分娩丈夫要回避，孕妇穿上丈夫的军装，旁边放着他的剑，这样，“当魔鬼来的时候，就能看到她是受到保护的”。他还说起波林根附近地区的魔鬼血盟：人们抽出血，用血写下他们的名字，以此与魔鬼订下盟约。他提到曾把母牛送到罗伯特神父那里治疗的一个房客（他之前说过的）。房客的儿子是波林根的巫医，人们从遥远的地方赶来向他求助。有一次，荣格问他是否能够移走魔鬼施加于人的魔法，他说：“当然，当然可以！”他说，这些魔鬼过去总是没完没了地骚扰他，在他的房子里弄出嘎吱嘎吱的声音和其他声响。当荣格问他如何对付这些精灵时，他告诉荣格，在波林根附近的森林里，有一个旧采石场，那里埋着他从其他人身上取出来的六百个魔鬼，他围绕着采石场画了一个圆圈（魔圈），这样，那些魔鬼就逃不出来了。一个来波林根的陌生人对客栈的女孩说，这里太吵了，他待不下去，女孩说，“噢，可是这里很安静啊！”然后，他说他住的房间有嘎吱声和吵嚷声。荣格说，

“是不是某某人住的房间？”——没错，那正是巫医的房间。

回来的路上，他指给我看库斯纳赫特一幢曾接待过丘吉尔的十七世纪的建筑[1]。他曾作为瑞士精神和智慧的代表，坐在丘吉尔旁边。之前，在伯尔尼，他也曾作为联邦政府总统的客人，享有同样的殊荣，坐在陪同丘吉尔出访的丘吉尔女儿玛丽的身旁。他说，丘吉尔是个不苟言笑的人，除非你的话题令他特别感兴趣。

荣格说起埃及的马赫迪战争[2]，丘吉尔马上变得非常健谈，还谈到了政治。他说玛丽·丘吉尔非常有趣，相当容易兴奋。投向他们的鲜花和一盒盒香烟几乎装满了马车。我问，有没有因他两次都被邀请去接待贵宾而遭人嫉妒，他说：“啊，天哪！事后，我不得不把自己

---

1 赫里堡希夫庄园（The Haus Schiff in Herrliberg）：除了伯尔尼，二战结束后，另一个接待丘吉尔的地方。

2 马赫迪（Mahdi），一个阿拉伯人的头衔，意思是“他是受到正确引领的人”。根据穆斯林传统，穆罕默德曾宣称，他的子孙中将会有一个给世界带来公正与正义的人，并将被命名为 al-mahdi。世世代代以来，这个头衔引来许多野心家的垂涎。1881 年，为了建立帝国，穆罕默德·艾哈迈德（Mahomed Ahmed）篡夺了权力。在 1884 年的马赫迪起义中，戈登（General Gordon）被派到喀土穆（Khartum），安排疏散由埃及人统治的苏丹人。戈登在喀土穆被马赫迪军队包围，1885 年 1 月，在他的援军抵达的两天前，戈登被杀死。这里说的就是这场战争。

藏起来！我之所以被请去，或许只是因为我非常了解英国人，能说善道。”

刚开车出来时，他问我是否已经读完了《答约伯》（我不知道他已经注意到我正在读这本书），问我是否有所触动。

他说起，他曾经问一个神学教授是否读过《以诺书》。此人没有直接回答，而是说：“噢，我得去读！”荣格说：“人们不了解这些东西，也不去读它们。”他说，“人子”（Son oF Man）的术语来自《以诺书》（作者佚名），但这个术语早就有了。[1]他说道，现在正是由双鱼座末期进入水瓶座的时期，因此我们的时代极为混乱。他也提到以前埃及人崇拜的白羊座时期；还有在那之前，我们尚无明确记载的波斯金牛

1 《荣格全集·心理学与宗教·答约伯》（CW Vol. 11, VI, paras. 665–668）：在《以西结书》中第一次出现了“人子”这个说法。公元前六世纪的前半叶，这本书就开始写了。在大约公元前 165 年的《但以理书》（7：13）中，提到过这本书。在六七七、六七八段中，荣格继续写道：“当耶和华把以西结称为‘人子’时，最初指的只不过是晦涩的谜一般的暗示，但现在已经清楚地知道：在《以诺书》（约写于公元前 100 年）中，人不仅仅是神圣启示的接收者，同时还是神圣戏剧的参与者……它如此令人着迷，以至于人们几乎可以认为，他对于即将到来的道成肉身，具有相当特殊的领悟力。”

座时期。[1]

然后他说，这三个时期的形象都代表着男性，而第四个形象却是女性；我们已经有了以诺、以西结和以利亚（Enoch，Ezekiel，and Elijah），然后又来了第四个玛利亚。同样，在埃及，先有三个国王，然后才有第四个女王。

茶点后，我和荣格夫人聊天。我问起亲属力比多（kinshi plibido），她说："是的，它就像家族中的亲戚关系一样；但也应该把家族关系延伸至外面的世界，而不仅仅止于本家族。"因而，对那些来我们这里做分析的人，我们一方面保留着"家族感情"，一种友善的感觉，同时也必须把它延伸到外面的世界，延伸到集体关系，家庭关系以及心理分析之外的关系。因此，关于阿尼玛的知识应该成为通向其他关系的阶石。

荣格说起二战前在伦敦见韦尔斯（H.G.Wells）的情景。韦尔斯请他吃饭，他接受了。（我想，这应该在十九世纪二十年代末，因为在伦敦演讲时，韦尔斯第二

1 [编注] 占星学上有以两千年为一个"大月"的说法。公元前 4000 到 2000 年为金牛座时代；公元前 2000 年到公元 1 年为牡羊座时代；公元 1 年到 2000 年为双鱼座时代，尔后就进入水瓶时代。占星学家对于水瓶时代的开始时间有一些分歧，大致开始的时间从 2000 年到 2050 年，1991 年到 2012 年为过渡期。

次邀请他，被他拒绝了。）他们开了香槟，吃了一顿美妙的晚餐。随后，韦尔斯问他精神病的起源。他告诉了他，思觉失调症的形成以及神经错乱是怎么回事。当他描述时，他吃惊地看到韦尔斯缩成一团——椅子里的他，似乎不存在了，全神贯注地聆听着荣格所说的每一句话。之前，他是非常健谈的。荣格对他说了很多，说到各种投射，以及精神病人可以用一种不同于自己想法的方式生活或试图做到这一点。荣格谈了半个晚上，谈话结束时，韦尔斯好像突然把这一切都忘记了，又在完全不同的话题上滔滔不绝起来。所有这次谈话的内容，经过精心整理，后来都在韦尔斯的《克里斯蒂娜·阿尔伯特的父亲》（*Christina Alberta's Father*）一书中出现了。荣格说，当他看到韦尔斯以一种"非凡的方式"吸收了他所有说过的话时，那次谈话的情景又浮现在他眼前。这次谈话还被搬进他的《克利索尔德先生的世界》（*The World of Mr.Clissold*）一书，这个夜晚还被记录在韦尔斯的自传里，但是他只字未提荣格，在这两本小说中，也没有任何对荣格表示感激的话。

1 《荣格全集·炼金术研究·对黄金之花的秘密的评述》（CW Vol. 13, I, *Commentary on The Secret of Golden Flower paras*. 53）："精神错乱是由于被无意识占据，同样，既然两者的内容如此不同、彼此否定，因而，无意识内容无法融入意识，意识也不能融入无晚上，坐在书房，荣格玩单人纸牌，荣格夫人躺在沙发上看书。非常安静祥和。我刚刚读完《答约伯》。多年之后，回想起当时的气氛，真是妙不可言，也弥足珍贵。

意识。这种态度就相当于说：‘我们对上帝不再有丝毫恐惧，相信万事万物都通过人类的标准来判断。’这种意识的傲慢或狭隘，是通向疯人院的快捷方式。我想起在韦尔斯的长篇小说《克里斯蒂娜·阿尔伯特的父亲》和施雷贝（Schreber）的《我的精神病回忆录》（*Memories of My Nervous Illness*）中，对该问题出色的描述。”

1955 年夏

到苏黎世参加荣格八十岁生日。

1955 年 7 月 23 日，星期六

去苏黎世，在那里见到荣格，随后去库斯纳赫特的西斯特拉斯吃午饭，接下来加入了荣格一家为荣格举办的生日庆典。庆祝活动是在斯塔法湖（Stafa）上的家庭游船上举行的：从苏黎世到施梅里孔（Schmerikon），湖的总长四十三公里。船上有三十八个人——有那么多的孩子和孙子；还有两个从库斯纳赫特来的小曾孙，他们太小，不能上船。在场的人中，只有露丝·贝利（Ruth Bailey）和我不是荣格的家庭成员。

其中一个小孙子落落大方、兴致勃勃地对荣格发表

了一次演说，他站着做了一次漂亮的脱稿演讲。后来，我们进行了一次问卷调查的测试，所有的问题都与荣格有关。全程源源不断地提供美味佳肴、葡萄酒、游戏和水果。

我们在靠近拉珀斯维尔的乌弗瑙岛（Ufenau）下船，然后去了教堂。这个岛属于艾因西德伦（Einsiedeln）修道院，他们准许荣格进去参观。这个岛因为路德的朋友胡登[1]在此度过他最后岁月，并魂归于此而闻名于世。岛上有两个教堂，都很古老。大的那个是诺曼第人的，大概有一千年了，但现在已经关闭了。

接着，我们继续泛舟湖上。令人猝不及防的是，荣格的三个孙子在正对他波林根塔楼的地方，从甲板的顶棚上扎进了水里。船在一阵摇晃后停了下来，在众人的喝彩声中，他们又重新爬上了船。当他们跳下水的时候，惊飞了两只鱼鹰。

然后继续驶向施梅里孔，去了我曾住过几次的百德旅馆。酒店老板亨利·库斯特已经在“地下室”或者说在底楼准备好了宴席。楼上正在举行一场婚宴。

我们吃了一顿丰盛的晚餐，席间插曲不断。一开

1 [编注] 指宗教改革的马丁·路德同阵营的战友胡登（Ulrich von Huttten）。

始，荣格的女婿弗里茨·鲍曼（Fritz Baumann）的演讲赢得了阵阵掌声；接着，成群结队的孙子孙女，表演了各种各样的节目，例如，他们表演在波林根的生活细节，里面充斥着大量的家庭笑话。另一个“节目”是模仿表演四个“电台节目”：两男两女四个孩子走出来，面对荣格夫妇站着，然后再转过身面向大家。每个人模仿一个电台节目。一个哲学，一个农业，一个家政（我想），还有一个心理分析节目。当然，这些“节目”中穿插着种种别开生面的笑料。然后，他们从地上抬起一个里面装着巨型火腿的大盘子，献给荣格，他掏出大家熟悉的水果刀，把它切成薄片。他一直随身携带这把刀。孩子们的表演精彩绝伦，他们都非常自然地进入角色，让我留下了无比深刻的印象。

1955 年 7 月 24 日，星期天

早餐后与荣格聊天。他提到波林根的巫医，我们昨天在船上时曾看见过他山上的房子。巫医有一本非常古老的书，是一个喜欢他的艾因西德伦修士送他的，那时他还是个孩子。这是一本古籍的翻印本，里面收录了所

谓摩西的第六和第七本书[1]。这是一本托伪之作，里面包含着黑魔法以及对女巫们的诅咒。

这个巫医通过使人平静的办法来帮助人们。荣格曾在农场看过他工作。农夫和他的两个儿子站在大仓库的角落处，巫医站在另一个角。他拿着他的祈祷书读着，脖子上围着一条蓝色丝带；荣格因不能走近，所以看不清丝带上挂着什么，因为他只能待在人们不注意的地方。

1955 年 7 月 25，星期一

荣格的八十岁生日庆典

上午十点半，在都勒大酒店举行招待会。我是和芭芭拉·汉娜一起去的。酒店大厅的公告栏上写着“十点半鸡尾酒会”！我们喝着酒，人们都围着小桌子挤坐着。迈尔（C.A.Meier）和其他人都发了言，在更多的人发了言之后，接着是赠送纪念文集[2]和《荣格抄本》[3]。

1　摩西的五本书，一般被称之为《摩西五经》。这是《旧约》最初的五本书，传统上认为是摩西写的。

2　《荣格心理分析与研究》（*Studien zur Analytischen Psychologie C.G. Jung*, Vol.I and Ⅱ, Rascher Zurich l955）。

3　荣格在《荣格抄本》（*Jung Codex*）赠送仪式上的演说发表在《荣

巴塞尔大学校长，还有从洛桑市赶来的鲍德温都发了言。鲍德温讲得好极了。他提到瑞士的一个古老风俗：当大楼快要建到屋顶时，就会在大楼上竖起一根装点着丝带的小松树，然后，才举杯庆祝。就像眼下这样的情景：荣格的大厦建到目前的高度，已经成型，但还没有完工，可能还会增加许多东西。

我们回到西斯特拉斯吃午饭。饭后，在荣格夫妇休息的当儿，我和露丝在花园聊天。

我们面对面坐着，一直谈到下午茶后的黄昏时分。荣格对我送给他的印章非常满意。这是我两天前送给他的。从那时起，他一就直把它带在身上。在这个羚羊皮的包里，除了印章之外，还装着一个小小的中国翡翠吉祥扣（看起来像十八世纪的：青瓷玉中心处的玉可以活动）。我们谈话的时候，他把印章拿在手上，与荣格夫

格全集·象征的生活》（*The Symbolic Life*, CW Vol.18, p.826）。其中的一个注解，讲述了"纳格·哈马迪诺斯替抄本"（*Nag-Hamadi Gnosric Codex*）是如何从阿尔伯特·伊德的收藏中购买到的。他是一位比利时古董商，在埃及得到这个抄本。荣格后来把它归还给了开罗的科普特博物馆（见 1961 年 1 月 12 日的谈话）。抄本分三册分别出版：《福音传道》（*Evangelium Veritutis Rascher*, Zürich 1956），（此卷献给荣格的八十岁生日）；《论复活》（*De Resurrectione, Rascher*, Zurich1963）和《逻辑学概论》（*Ttactutas TripartitUs Pars I*, Franke, Bern, 1973）。

人一起端详着这块玉。他说她应该用一条黄丝线把玉挂起来。他还说，这块石头是精心挑选出来的，因为它的双重颜色代表着对立观念。

晚上举行了盛大的晚宴，约七十五人出席。令我大为意外的是，我被安排在主桌，坐在荣格的右边。我的右边是他的女儿玛丽安·尼修斯（Marianne Niehus）女士。这张大圆桌共坐了十个人。荣格夫人也在这一桌，她的右边是麦克·福德（Michael Fordham）。

晚宴上有好几个人发言，其中包括苏黎世市长。他针对巴塞尔和苏黎世的相对优点讲了许多笑话，还提到了伯尔尼。

1955 年 7 月 26 日，星期三

这一天是荣格真正的生日。早上，我们在学院[1]举行了有关国际分析心理学协会事宜的会议。

下午，我们大约两百人乘着汽轮在湖上游玩。令每个人都感到惊喜的是，荣格和露丝在迈伦上了船，到了拉珀斯维尔时，他们又下船了。当船经过荣格别墅花园

1 苏黎世荣格学院（The C.G.Jung Institure in Zurich）。

的时候，许多人都肯定，他们看到了荣格，但这是不可能的。

回程时，我在库斯纳赫特下船（差点被丢在船上），手里捧着一大束鲜花和一根专为荣格订做的刻有数字“80”的手杖。迈尔从甲板上扔了个瓶子给我，我接住它，又把它扔给福勒·麦考密克（Fowler McCormick），他也接住了。大家一阵欢呼。

我搭顺风车到荣格家，到达那里时发现库斯纳赫特当地的乐队正在花园演奏。约有二十个演奏者，都是平常的乐器，铜管乐等。演奏的时候，一些参加家庭聚会的人跳起了舞。荣格跳了两次，一次与他的妻子，另一次与他的一个女儿。事后，他对我说：“我从没想到我还能跳舞！”他显得非常开心。

乐队散去，我们进了屋，两三个小时后，迎来了最美妙的夜晚。七八个荣格的儿孙辈们弹唱起来；他的一个侄女，伯格夫人弹钢琴，她的丈夫和其他人唱歌。几个孙子十分活泼，做了即兴表演。

一些人离开时，荣格走了出去，挑选了一张唱片后返回，里头都是黑人唱的圣歌。他的一个孙子摇着留声机，荣格坐在一旁，和着音乐节拍不断点头。最后，大约午夜时分，派对结束了。这真是一个令人难忘的家庭晚会。

1955 年 7 月 27 日

在花园里，为《英国医学杂志》写下过生日的全部过程。

与荣格谈了几次……

傍晚，为了筹备国际协会临时委员会的第一次会议：法兰兹·瑞克林带我去了迈伦，这次的会议是在迈伦一个临湖的酒店举行的。伦敦小组有几个不和谐分子，一两个人的态度非常消极。这令瑞克林和迈尔大感意外，而我不以为然。凌晨一点，瑞克林带我回到荣格的寓所。

1955 年 7 月 28 日

搬到了都勒酒店。中午的时候，福勒·麦考密克叫我去。我为即将离开荣格感到惆怅，因为这是我拜访荣格的经历中最难忘的一次。荣格夫人嘱咐我，明年二月份演讲完以后，一定要和他们住在一起。荣格也亲切地说："啊，再见！一定要再来啊。"

福勒·麦考密克带我去沙夫豪森，我们在那里吃了一顿美妙的午餐，然后去参观莱茵瀑布。他有一辆奥尔兹莫比尔牌汽车，明媚的阳光下，我们快乐地兜风。

1955年7月29日

在都勒（Waldhaus Dolder）。早上进城购物。然后去罗尔夫·霍菲（Rolf Hofer）的办公室，让他的秘书打印一份为《英国医学杂志》[1]写的关于荣格的小文章。她打好，并发了夜晚的航空邮件，星期六早上就可以到伦敦。没吃午饭；但是和福勒·麦考密克在议会大厦喝茶。空气有些潮湿。

麦考密克谈起共时性，说到他的两个梦，给他留下深刻印象的是梦所包含的时间因素，因为后一个梦在时间上是接着前一个梦的，这让他立即联想到前一个梦。最令人吃惊的是，在其中一个梦里，他看到两架飞机扭在一起，将欧洲和美国连接起来。他将其视为对其不安定生活的解读，因为他经常往返于美国和欧洲之间。

1 贝纳特著《八十岁的卡尔·古斯塔夫·荣格》［‘Carl Gustav Jung at Eighty’, British Medical Jounal (1955), II, p.174］。

1955年秋

1955年11月23日　库斯纳赫特

十二点二十五分抵达苏黎世车站，见到荣格。他对我说，荣格太太病得很重，因此我不能跟他们住一起，但可以住他女儿玛丽安·尼修斯那里。他带我去西斯特拉斯吃午饭；他的第二个女儿，鲍曼夫人在那里。

午饭后，我们谈了很久，主要是谈思觉失调症。这是因为我在演讲中提到了一个精神病患者，而由此引发的话题。他说，思觉失调症是对阴影、通常是对集体无意识中的阴影所采取的一种保护措施。一些患者说，一想到遥远过去的所作所为，就觉得无法达到完美。但是他们却拒绝正视现在和过去的罪恶，因为他们承受不起这些罪恶。或正好相反，当有人陷入沮丧时，他们会把全世界的罪恶都揽到自己身上。他还谈到，德国人总是必须把自己“藏在”什么东西的后面，在做人方面毫无自信。他们必须从属于某个社团，要么成为一个博士，要么戴个头衔。即使一个普通人，譬如一个女人死了，也要被描述为“某某人的妻子，如何如何”，就不是她自己。而在英国却不同，做一个绅士足矣，但德国却不是这样。

他说起他妻子的病，以及出现在他梦中的死去的朋友——死亡随时可能降临。他有种感觉，桥已经断了，她也跟以前不一样了。

后来，他提到他十一岁时[1]在巴塞尔时的宗教体验，还有他父亲的书房。他本人非常喜欢阅读，如饥似渴。那里有些书是他祖父的藏书，所以他什么书都读。他说，上学时，他甚至一直被人当作骗子——比如说，老师曾拒绝相信他写的一篇论文，因为这篇论文里有许多连老师都闻所未闻的东西，因而他得出一个结论，这篇论文是别人替荣格写的。[2]“我总是有一点人们不喜欢的过分聪明’，认为我是故弄玄虚。”

1 《记忆、梦和反思》第二章“学生时代”('School Years', Chaprerll, p.47)。

2 同上，p.54 和 p71–73。

1955 年 11 月 27 日

荣格夫人于今天上午十点半过世。荣格跑到尼修斯家来告诉我，并跟我道别。他说，四天前，星期二吃早饭时，荣格夫人说自己要死了。他说："啊，不要想这种事。"后来，这天早上，他接到他们一直期待着的医生报告，报告显示情况非常不妙。经过激烈的思想斗争，他还是告诉了她。她相当平静，自从做完手术，她就做好了迎接死亡的准备，这对她来说是一种解脱。她有时候看起来好一点，而其他时候则非常"忧郁"。她一直致力于研究圣杯的传说。[1] 他们结婚五十二年：一段无比精彩而丰富的人生。他说起了西塞罗的《论晚年》（*De Senectute*），正当人生圆满时，生命却戛然而止。

---

1 直到荣格夫人去世，她关于圣杯传说的研究都没有完成，最后是由冯·法兰兹完成的。她在前言中写道："圣杯与炼金术之间的关系是如此丰富与深奥，以致人们会问，为什么荣格教授不把它们写进他对炼金术心理学的研究。原因在于，荣格夫人已经研究圣杯传说三十年了，并计划在出版时，将此课题做进一步的延伸。她的付出随着她 1955 年的去世戛然而止。为了了却荣格教授的心愿，我于同年完成了她的这本著作。"艾玛·荣格和冯·法兰兹合著，《圣杯的传说》（*The Grail Legend*, Rascher, Zürich 1960；English translation by Andrea Dykes, TheC. G Jung Foundation 1971）。

1956 年夏

1956 年 8 月 29 日　库斯纳赫特

到达苏黎世。

1956 年 8 月 30 日

早餐时，荣格说，任何人想写他的传记恐怕都不容易。他说，这需要充分地理解他的思想，但没人能够完全理解。他说，弗洛伊德的一生可以被清楚地描述出来，因为他的思想脉络清晰。而写他（荣格）就要复杂多了，假如不写他的思想发展，仅仅集中于他生平的话，那么他的传记就只是一系列琐碎的小事，就会像不理解康德的作品，却去写康德的一生那样。[1] 为了说明他的意思，他谈到 1913 年，他曾做过的一个极为重要的梦。这个梦对他的人生产生了重大影响，他花了很长时间才理解了它。但如果只是寥寥数笔的话，就很少有人能够理解这个梦在当时对他职业生涯的影响。

梦是这样的：

他正在攀登一条陡峭的、蜿蜒通向山顶的路。右边的山谷笼罩在阴影之中，因为还是夜晚。前方，山背后的太阳正在冉冉升起，但太阳还没出来。他的前面走着一个原始人（看不出年龄——棕色皮肤，毛发浓密）；他跟随着此人，两人都全副武装，准备去打猎，可能是去打羚羊。接着，太阳升起来了。齐格菲（Siegfried）穿着闪闪发亮的盔甲，手持盾牌和长矛出现在山巅。他穿着像滑雪板一样的东西从岩石上滑下来。滑雪板是用死人骨头做成的。这时候，原始人示意荣格，他们必须用来福枪射杀齐格菲。他们躺下来，等他过来，然后，便杀死了他。这个原始人（阴影）是个领袖，走过去收集战利品。荣格懊恼不已，冲下山谷，爬上另一边的

1 这番话预示了荣格晚年时所著自传《记忆、梦和反思》的写作方法。

山——他必须摆脱这可怕的罪行。下雨了，所有的一切都被淋湿了，也把所有的犯罪痕迹都冲洗得干干净净，可是，压抑着良心的罪恶感却丝毫没有减轻。

醒来以后，他想重新入睡，但他知道，他必须试着把这个梦搞明白。一时间，谋杀齐格菲（英雄）的悔恨吞没了一切，他有种强烈的冲动了，想从抽屉里取出左轮手枪射死自己（“自杀”）；梦和冲动是那么逼真和强烈，他可能真的会自杀，但这个梦和梦的含义逐渐变得清晰起来：英雄（做了非常勇敢之事的人）被原始人杀死了。也就是说，这个梦的关键是原始人，我们的眼里，这个人们不得不追随的头儿是不道德或不成熟的。对荣格来说，这意味着，他追随的不应该是此时此刻的意识和已经获得的成就，而应该去追随代表集体无意识（即原型）的永恒的人。

这个梦是荣格生命中一个重大的转折点，他说，其意义远远超过梦见中世纪房子。因为，这表明，他必须无视流行观念而去遵循多少已确定的路线。一句奥地利谚语说：明天能做的事，绝不今天做。也就是说，时间并不那么重要。美国小孩在书桌上刻下“现在就做”，是要求人们只争朝夕；但做归做，并不是所有的事都会

“有志者事竟成”。我们必须要与永恒的人打交道，而不要过分受制于当代，不要匆匆忙忙的。当然，在这个梦里，原始人的行为就像他做的那样：一看到有人手持箭和盾走来，就开枪打死他。因此，当荣格领会了梦的含义之后，他从中了解到：他必须追随隐藏得更深的被抛弃的原始人，放弃他的学术科学生涯，也就是说，放弃随时能让他“出人头地”的英雄角色所做的事（《空虚的世俗荣耀》，贝纳特著）。[1]

他提到弗洛伊德发现的第一个原型，即乱伦问题。但他仅仅是从个人的角度来看待这个问题的，正如他把宗教仅仅视为个人问题那样，因而，这第一个原型并没有受到弗洛伊德的重视。他补充道，尽管弗洛伊德谈起过“古代记忆”[2]，但他从来没有真正懂得更深层的无意识观念。

荣格说，在俄狄浦斯情结中隐藏着非常重要的问题，正是它使得孩子与父母分开，形成了孩子对父母的

---

1 荣格著《记忆、梦和反思》。在“对抗无意识”（p.173–174，也见相关内容，p.185–186）这一章中，他讲述了他的梦以及他对梦的反思。

2 弗洛伊德著《摩西与一神教》（*Moses and Monotheism*, Hogarth Press, 1939, p.159）：“人类的古代遗传，不仅仅包括性情，还包括来自前人的观念内容，以及记忆的痕迹。”

态度。我问道，精神官能症患者的问题是不是就在于个体与集体冲突、一味地渴望与人分开、难以适应整体，在人群中找到自己位置。（他说）这从许多恐惧症中（幽闭恐惧症等）就能清楚地看到：潜在的恐惧就是害怕孤独，因而基本问题还是如何适应的问题。但是，不同年龄阶段有不同的问题。在前半生，是个人如何适应周围环境的问题，而在生命的第二个阶段，则是个人与日益丰富的精神生活相适应的问题。

说起波林根，它的最大的好处是，使他可以与大自然更加接近。在那里，他们生火煮饭，大部分时间是他做饭劈柴——只用柴火。谈到火，他说："我们还没有掌握自然的力量，因此你必须学会如何使用它。"

我们沿着花园散步（在库斯纳赫特），他指着被霜打死的树给我看。那里的一月份还算暖和，但到了三月就有严重的霜冻，而月桂树、紫藤和其他树上大量抽出的新枝会流出树液，会被冻住。竹子也不得不砍掉，不过它们还会破土而出。这是个非常漂亮的小树林，差不多都是十到十二英寸高、精心修剪过的树木。这幢房子的特点是，最初建造的时候只有一扇门。荣格说，这是因为"我们瑞士人处在欧洲的中心，麻烦事多"。之前，在他服兵役时，他有一支来福枪，房间里有三十发子弹（所有的瑞士兵都有），可以防身。下面的窗子装有铁制或木制的栅栏。花园里的房子是后来造的，有一个朝向花园的门，另一扇门通向房子，这扇门是铁的，晚上总是关着。

午饭后，荣格和贝利小姐都小憩了一会儿。我坐在花园，今天的阳光真是棒极了。后来，荣格和我又谈了起来。荣格说，如果有人去研究处于麻醉状态中人所做的梦，将会发现非常有趣，他举了一两个例子。他还说到，他怀着极大的兴趣读到一份癫痫症的神经手术的文章，当刺激四叠体[1]时，会使患者产生曼陀罗的幻象：一个包含着圆的正方形。这种幻象可以通过刺激相同区域获得再现。他说，他花了很长时间思考脑干在我们思想活动中的重要性。这个区域是四叠体，有四个部分，这多有趣啊，因为这证实了他的观点：作为象征的正方形和圆的重要性。

吃过晚饭，傍晚，不知道怎么的，我们谈起了数字。荣格说，数字有它们自己的生命。对数学家们来说，永远存在一个问题：数字是被发明的，还是被发现

1 四叠体（corpora quadrigemina）是中脑后部，四个隆起的圆形体。它们是成双成对的：两个代表优势功能，两个代表劣势功能，前面两个与视觉有关，后面两个与听觉有关。

的？谈话中还突然冒出什么是宗教的话题，以及与奥利金（Origen）有关的宗教；再往前推，西塞罗（Cicero）心目中的宗教；再往前追溯，是什么东西为宗教的出现做了准备？对于后者，荣格认为，我们必须把所有的宗教都考虑进去。但神学家们却说，他们只关心基督教，这就好比医生说，他们只关心病毒而对其他东西，譬如对疟疾，毫无兴趣一样。因此，在宗教领域，我们必须避开那些专门从事宗教研究，只关注事物本身而避开其他事物的人。

我们又接着谈起数字以及每个数字的特性。1这个数字没什么可说的，因为假如你有许多个1，你也只能想到1；但1也可以代表着一切，就像"1"（与"多"）代表着上帝所创造的一切。2代表对立：善与恶。假如没有2的话，我们就无法理解对立面的概念，只能像那些把恶理解为善的缺乏（privatio boni）的人一样。3是一个动态的数字，他代表着男性的。我说："比如说，1、2、3——齐步走！"他说："是的，正是这样。它指的是去另外一个地方。"4代表着女性的，意味着圆满，代表着结束与终结。5就是"4+1"，但这个1是处于中心位置的"1"，它代表着地、水、火、风四元素之外的第五元素。6是3的两倍（还有更多的含义）。7是“6+1”，一个神圣的数字，7支烛台（也有更多的含义）。8，4的两倍。9是4的两倍加上处于中心位置的“1”，又是一个第五元素。荣格认为数字是自身存在的，是被发现的，而不是被创造出来的。[1]

1956年8月31日

早餐后与荣格谈起神学家，他发现他们“肤浅得可怕”。他们不在乎自己在说什么，他们的许多想法都是“放空炮”。而当真正要开火时——严肃地谈论问

---

1 《荣格全集·心灵的结构与动力·共时性：非因果连接原理》（CW.Vol.8, VII, para.871）中，荣格写到数字的定性概念时说道：“我倾向于认为，数字既是被发明的也是被发现的，因而，数字具有与原型类似的相对独立性。”
这种观点来自于冯·法兰兹博士写的一本书《数字与时间》（*Number and Time*, Northwestern University Press, 1974, Part 1, Chapter 3, p.52），她写道：“……数字似乎代表着物质的特性与我们大脑思考过程的无意识基础。因此，根据荣格的观点，数字形成了把物质领域与心灵领域结合起来的特殊元素。它‘确实’具有双重含义：既是原型意象，同时又是外在世界经验领域中的确定表达。因而，数字在身体可知的与想象的东西之间架起了一座桥梁。用这种方法，数字在神话（心灵的）与现实（身体的）之间，在迄今为止大量未被探知的中间地带仍然发挥着作用，同时，数字既是质的，也是量的，既是具象的也是非具象的。”

题或真正搞明白问题的时候——他们就偃旗息鼓了。他提到沙夫豪森小号手的故事。在十九世纪四十年代，瑞士爆发独立联盟战争期间，沙夫豪森军团加入了战争，某位小号手也跟着参战了。一星期后，他又出现在沙夫豪森，每个人都问他："你为什么不在战场上呢？""噢，"他说，"在战场上，他们就会瞄准你！"因而他就回家了。神学家们经常就像这样。

接着他继续谈到教宗关于玛利亚升天日的教义。他说，这种教义引起了教会的激烈反对，因为按规定，不能够有教义，除非以十二信徒的教诲为依据，直到六世纪，才出现了关于玛利亚升天的说法，但被当时的教宗推翻了。之前有好几个教宗尝试过，一百多年前就有一个教宗试图通过这个教义，但没有成功。整个教义的要点在于抵制肉体，但这个女人是个母亲（即肉体的），并且上帝是通过创造物质来显现的。存在着大量的对教义持反对意见的，主要是在北方国家，而南方国家则很少见。因此，尽管圣母玛利亚是百分之九十九点九九九九的上帝，但还是不够。接下来会发生什么呢？圣母现在进入了洞房。我问，这是否意味着还会生出另一个基督，他说："噢，不！上帝只能有一个儿子。"

劳伦斯·凡·德·普斯特（Laurens Van der Post）[1]来吃饭，谈起他的非洲历险。[2]荣格也说起“神秘的参与”（participationmystique），即无所不知。原始人的行为方式就是这样，一切都浮在表面，一切都不隐藏，也无法隐藏。荣格对这种思想非常感兴趣，因而他把他的书命名为“寻找灵魂的现代人”。

吃过晚饭，傍晚时分，荣格说起他去维也纳第一次拜访弗洛伊德时的情景。在维也纳期间，他做了一个梦：

他在布拉格犹太人聚集区。那里空间狭小，人们挤作一团，天花板很低，楼梯摇摇欲坠。他想：“真见鬼！人怎么可以住在这样的地方？”

---

1 [编注]劳伦斯·凡·德·普斯特（Laurens Van der Post, 1906–1996），出生于英国殖民时期的南非，为作家、探险家、教育家、哲学家、新闻工作者，也为英国的政治顾问、查尔斯王子好友、威廉王子的教父。著作繁多，涵盖小说、政治、心理、旅记等，著作曾被改编为电影《俘虏》（*Merry Christmas, Mr. Lawrence*, 1983）、《幻象大猎杀》（*A Far Off Place*, 1993）。

2 劳伦斯·凡·德·普斯特著《猎人的心》（*The Heart of the Hunter*）和《喀拉哈里沙漠失去的世界》（*The Lost World of the Kalahari*）（Hogarth Press）。

那是个梦。他继续说道，从他们第一次见面起，他就注意到了弗洛伊德观点的狭隘，视野的局限性，他只把注意力集中在琐碎的细节上。他谈道，在某种程度上，这是因为弗洛伊德的恋母情结令他过分热衷于性，过分关注乱伦、与母亲睡觉这种事，好象它们是什么新鲜事一样。荣格是在农村长大的，所有这些事他都知道，但引不起他的兴趣。他说，布拉格犹太人聚集区是一个非常有名的地方。

1957 年冬

1957 年 1 月 3 日　库斯纳赫特

到达库斯纳赫特。晚上，我们先是在花房，晚饭后去了楼上的书房。这是个大房间，约二十四英尺乘以十五英尺大，放满了书。荣格打开一扇内书房的门，对我说，我可以把它当作自己的房间用来写作。这是个小一点的房间。此刻，我正坐在一张大写字台上写作，写字台上有一排档格，用来放文具和零碎的东西。桌上有一张托尼·沃尔夫的照片，还有一套十分漂亮的二十一尊雕像，代表着印度的二十一省，每尊塑像上都做了标注。它们穿着各种不同的印度服装，约十厘米高，彩色的，相当精美。每尊塑像上还标着各自的宗教——印度教、佛教、伊斯兰教（俾路支），以及缅甸的伊斯兰教。书架的一边是两个漂亮的景泰蓝，其中一个景泰蓝是长着马腿龙头和龙尾的圣人；另一个是古代花瓶。桌子的档格上，有几格放着书和另外几尊雕像——其中一个是老子坐在牡鹿背上的漂亮牙雕饰品，我也有两个跟这一样的饰品。

窗户里有三盏灯，窗棂上镶着彩色玻璃。每块玻璃的最上面都画着一个宗教主题——左边是被绳子捆住的基督；中间画基督受难图；右边，是我们的主死后与哭泣的玛利亚在一起的情景：陪伴着抹大拉的玛利亚的还有两个门徒，上面是一个天使。中间窗户的下半部分，是一枚精致的盾型纹章，标着“1590 年”字样，右边的巴塞尔纹章上标着：“巴塞尔，1543”。中间的灯也有一个镶着彩色玻璃的小圆球，上面画着我们的主与十二门徒的最后晚餐。

有一幅画被布蒙着，这是一张来自都灵的尸布照片，据说这块布曾盖过我们主的脸，所以上面留下了有着他特征的印迹。

书橱沿着墙壁排列，上面有许多炼金术古籍以及所有与此相关的书籍。书上都贴着标签，毫无疑问，都已经分门别类了。两个房间都堆满了这类书。另外还有各种各样的装饰品，许多是别人赠送的。主书房的壁炉台上放着一套牙雕，是毗湿奴的十二个化身。

荣格的写字台是一个漂亮的桃木桌（也许是胡桃木的），有着弧形桌腿和造型典雅的纵梁。桌上铺着纸和其他一些东西。荣格告诉我，这个长着胡子坐在大象上的金属人像，代表着成佛之前的佛；而在基督教里，则代表着与主有特殊关系的门徒。还有一朵盛开的莲花雕塑，是一份来自印度精神病学会的礼物。在一个落地式书架上，是一些皮封面的小书。有一张荣格夫人的照片，另一张是她与荣格的合影。主书房的地板与里面一样，放着几块波斯地毯。所有房子、房间和楼梯平台都是镶木地板。

1957 年 1 月 4 日

说起他早期在伯格霍兹里的工作，荣格说，在他刚刚开始词语联想测试的观察时，他就写信告诉弗洛伊德，这些实验为弗洛伊德的压抑理论提供了临床证明。他还说道，除了压抑之外，他还提到了自发产生的情结。尽管弗洛伊德回信表示同意，但他却从来没有使用过无意识自主性的观念，而只对压抑现象感兴趣。

除了在词语联想测试方面的工作之外，荣格在伯格霍兹里的上司尤金·布雷勒还建议他去研究大脑。荣格热情地投入了进去，连续多个星期花费了大量时间，对大脑的各个部分做了研究。他越来越热衷于这项工作，被任命为教授，专讲组织学。然而，一旦涉及大脑的正常功能，或他在患者身上观察到的异常思考时，大脑组织学的研究工作就根本用不上了。

医院里的许多病人都是没有希望治愈的思觉失调症者。他无法接受把早发性失智症视为人格的退化，就离开了那里。通过词语联想测试，他看到了无意识的真实存在，他从患者那里看到许多幻觉或妄想，它们对应于患者本人一无所知的神话材料。《无意识心理学》[1]研究的是思觉失调症，通过对历史文献的分析，他向人们展示出了象征的意义。不过，这并不是一本研究心理学的书。其中一个困境在于，那个时期还没有心理学，只

1　1970年2月荣格第一次遇见弗洛伊德。在《记忆、梦和反思》的第五章“弗洛伊德”中，荣格描述了这次会面。

荣格著《力比多的转化与象征》（*Wandlungen und Symbole der Libido*），写于1911年，次年发表。这本书最初由欣克尔博士（Dr. Beatrice M. Hinkle）翻译成英文。1916年，以《无意识心理学》（*Psychology of Unconscious*）为书名，由纽约的莫法特·亚德（Moffat Yard）公司出版；1917年由伦敦凯根·保罗（Kagan Paul）出版。1956年，由赫尔（R.F.C.Hull）翻译的新版本与扩充版，收录在《荣格全集》第五卷《转化的象征》中。

有什么都解释不了的抽象的思想。人们很少去注意疾病症状背后可能隐藏的东西。《早发性失智症心理学》[1]是一项突破，但即使到了今天，精神病学家对这个领域的贡献也是极为有限的。《自我与无意识之间的关系》[2]这本书让人们接触到了无意识，并使他们了解到无意识的重要性，不过它的影响力也微乎其微。

一战期间，他负责监管日内瓦湖边厄堡一个关押英国和加拿大军官的集中营。他说，从某种程度来看，这可能是一项重要而有趣的工作，但他更关心自己的写作与思想的发展。接着他开始写《心理类型》[3]。

我问他，回顾过去，在他研究中，是否可以看到一条贯穿始终的清晰线索。他说，仅仅在某些方面是这样。早期，他希望自己的研究遵循科学路线。然而，与

1 《荣格全集·精神病的心理发生·早发性失智症心理学》（*The Psychogerenesis of Mental Disease* CW Vol.3, I, *The Psychology of Demenria Praecox*）（1907 年第一版）。

2 《荣格全集·关于心理分析的两篇论文·自我与无意识之间的关系》（*Two Essays on Analyticla Psychology*, CW Vol.7, II, *The Relations Between The Ego and the Unconscious*）（1916 年第一版，次年英译本出版）。

3 《荣格全集·心理类型》（CW Vol.6）。荣格关于类型的著作第一次出版于 1921 年。
在《记忆、梦和反思》第六章“对抗无意识”（Chapter Ⅵ, p.186–188）中，荣格描述了这一时期的思想发展过程。
又见芭芭拉·汉娜《荣格：其生平与工作》（p.126–127）。

弗洛伊德决裂后，他有一段时间不再从事科学研究，而是去寻求发现无意识内容的意义。为了发现这些观念的来源，过去的人是怎样理解它们的，他对自己遇到的意象和象征探寻其文化来源。就在他撰写《黄金之花的秘密》评述时，他开始了炼金术著作的研究，并通过意象所对应的思想和实践，通过更早期的人们对这些观念的理解，他发现了无意识与炼金术材料之间的联系。他曾做过预示他将会研究炼金术的梦，他的研究始终是根据他的经验和梦发展起来的。为了说明，他列举了 1914 年 4 月做的一个梦；这个梦出现过两次，头一个月出现后，紧接着下个月又出现了，尽管略有变化：

他不断地攀爬着库斯纳赫特通向高原的山。现在，尼修斯一家[1]的房子就在那里。这座山其实并不很高，但他几乎爬了一整天。到达那片高原时，太阳正好从他背后落下（落在正对苏黎世湖的那座山峦）。一道小瀑布从山中倾泻而下，太阳把它照成金色和钜色。他继续向左边攀爬，越爬越高（因为背后还有一座山，尽管没有他爬过的山高），他看到有一家大酒店（就像都勒酒店

1　荣格的女儿和女婿。

那样），可以看见那里停着汽车，汽车看起来非常小。

那时，他还理解不了这个梦。不过，很久以后，他发现了一本多恩的《哲学思辨》（《化学剧场》，第一卷）[1]，其中写到了类似的景色。水中的金银具有特殊的意义，建筑也一样，出现在他梦里的建筑不是酒店，而是一座极具象征意义的建筑。[2]

诸如此类的梦令他着迷。“成为一个内向型的人是最不幸的，”他说，“你是被自己的内在驱动力推着走的。”

他说，弗洛伊德是个真正感情型的人，但他压抑了自己的感觉，用处于劣势的思维功能来处理问题，因而，对他来说，凡是他思考的东西都具有重要意义。甚至会出现这样的情形：他之所以相信某些事，仅仅因为他思考过它们。

---

1 [编注] 杰拉德·多恩（Gerard Dorn, 1530−1584），比利时哲学家、翻译家、炼金术士、医生。多恩的著作对于荣格的炼金术研究是相当重要的文献引用来源。《哲学思辨》（《化学剧场》，第一卷），文献原文为“*Spculativa Philosophia*［*Theaetum*(1962), I］”。

2 在《荣格全集·原型与集体无意识》（*The Archetypes and the Collective Unconscious*, CW Vol.9, Part I, paras.334ff）中，描述了这个梦与杰拉德·多恩的文本。

谈起预感这种东西，他说，有时就像在做白日梦一样。有一次，他正在库斯纳赫特看报，报纸突然出现一个裂缝，他从一个大洞里看到了汉斯的脸，汉斯是他在波林根的男仆。（这个年轻人对荣格忠心耿耿，因为战争期间荣格曾给过他母亲食物，这是个带着几个孩子的穷苦母亲。他还给汉斯买过一辆自行车，方便他上学。）不一会儿，令荣格吃惊的是，汉斯真的到库斯纳赫特的花园来了。荣格根本不知道他会来，但他的确是从波林根（约三十七公里）过来的，骑自行车给荣格送来了头茬草莓。

他告诉我另一件事，二战时期，因石油短缺，所以他乘火车从波林根返回库斯纳赫特。看书的时候，他心绪不宁，脑海里不断地浮现出一个人被淹死的想法，或者说是一种他似曾相识的场景。怎么会在这个时候有这种想法呢？可是，他的这种想法挥之不去。当他回答库斯纳赫特的家时，他的几个孙子（他们当时住在那里）正在花园里，看上去相当沮丧。他问道："怎么了？发生了什么事？"他们告诉他，最小的男孩从船房掉进了水里，他不会游泳，那里的湖水又深，他们费了好大的劲才把他救了上来。荣格说："那应该是在半小时之前吧？"正是火车上，他脑海萦绕着有人被淹死的想法的时候。他们说："是的，就是那个时候。"[1]

1957 年 1 月 5 日

我问荣格，他是否听到过未来对他的召唤。他说，他从来没有过。他知道其他一些人听到过，例如歌德。然而，在他看来，总有一种背后的力量（a vis a tergo）推着他去寻找真理，即事情的真相。他对弗洛伊德的理论从来没有满意过，因为它缺乏历史的支持，没有背景，仅仅只是弗洛伊德的理论而已。然而，他说，在《图腾与禁忌》[2]一书中，弗洛伊德试图去寻找背景，这是他难能可贵的地方。

就在他写完《自我与无意识之间的关系》之后，荣格开始对中国思想产生了兴趣。1928 年，他收到一封卫礼贤的来信，请他为《黄金之花的秘密》[3]撰写书评，这是一本关于中国炼金术的书，他写了。中国思想给他

1　荣格在《记忆、梦和反思》第十一章"死后的生活"（Chapter XI）中叙述了这次事件。

2　西格蒙德·弗洛伊德《图腾与禁忌》（*Totem and Taboo: Resemblances between the Psychic Lices of Savages and Neurotics*,1912）。

3　《黄金之花的秘密》，卫礼贤译，荣格评注，1931 年英文版第一次发行。评注还单独发表在《荣格全集·炼金术研究》（*Alchemical Studies*, CW Vol.13，I）。

的印象非常深刻，并且他研究过《易经》。通过对类型的研究，荣格发现了中国思想与他研究内容的相似性：他画了一个四种功能的图标来说明他的意思：

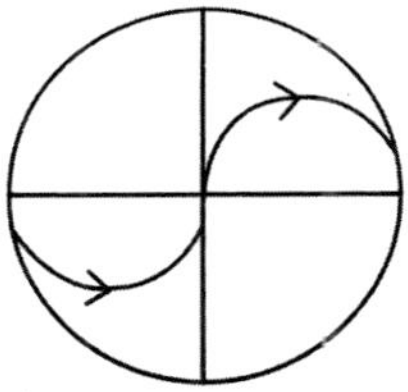

因而，如果一个人的思维功能占据主要优势的话，那么他首先就会去思考，因此，他会通过直觉接受来自无意识的知识。不过，如果接下去他想弄明白这些想法与事实的关联性的话，就会把感觉加进来。这种三角关系的结果就是将感情因素排除在外。他说，弗洛伊德就是这么回事。然而不管怎么说，感情就是感情。“我吃够了这方面的苦头！”荣格说。当一个人忽视了感情时，他就只会狭隘地围绕着思想这种智力功能打转。不过，荣格注意到，这幅代表着全部功能的图形对应着中国的太极图。

我把我的演讲大纲给他看，他在个别地方做了扩充，并且说道，大纲确实写得不错，这些增加的部分只是锦上添花而已。他讲了许多与此无关的话，但都趣味无穷。

当话题转到自由联想时，他说，它们都是毫无意义的事，只会把事情复杂化，而且在做梦的分析时，自由联想也不会告诉我们梦在说什么。他举了一个例子："想一想，一个人梦见一朵菊花，你问他对此的联想。他说：'噢，菊花是一个人的名字，我女朋友的名字。'弗洛伊德就会由此联系到性。而我会说：'这很有趣，但菊花是什么样的呢？它还长在地上吗？菊花本身是什么样的？'然后，这个人可能会说：'噢，这是一种白瓣金芯的花，阳光照耀时，它会从太阳那里汲取营养而盛开。它就是它自己，每一朵菊花都与众不同。'这样我就会问：'太阳是什么样的呢？'他可能会想到上帝或宗教。而不是他那个叫做菊花的女朋友。因此，无意识正在产生一种东西，这种东西表现出来的远远超过菊花女本身，无意识有自己的生命，也是一种更为伟大的生命。"

自性（The Self），即整体，包含着意识和无意识，"我就是我自己"，里面包含着许多我们不知道的东西，譬如说，我们不知道我们的身体以及身体是如何运作的，也不知道无意识。

1957 年 1 月 6 日

早上，荣格、露丝·贝利和我开车去波林根。阳光灿烂。新盖的房子和凉亭天花板上的画，令这个地方看起来漂亮极了。天花板上的画，是荣格的主意。长板的一端，画满了荣格家族（或他这个分支）的盾型纹章，另一头是荣格夫人家族的。中间的板上，画着霍尔尼斯（Hoernis）的家族纹章（他们的一个女儿嫁进了这个家族）——徽章是角，猎角。对面是鲍曼家族的纹章（另一个女儿嫁给了该家族中的一名成员。）尼修斯（他们的另一个女婿）家族的还没有完成，空着。中心的两块板上，又画着荣格和荣格夫人的家族徽章。

我们走进新房间。木质的或金属门铰链以及门把手，全都非常漂亮。荣格说，门把手是旧的。

他对我说起最初的建筑，以及后来不断添加进去的各个建筑。荣格雕刻了许多石刻，我们仔细端详了其中的一些，有一个小石刻是一条吞吓而死的蛇。一个古典风格的漂亮石头是纪念荣格太太的。他说，这个石头原打算放在凉亭的墙上。房子的一边雕刻着墨丘利。我问他为什么雕墨丘利。他说，正当他写共时性时，被什么东西卡住了——写不出任何东西。他久久凝望着塔楼的一堵石墙，决定将受到干扰的这一时刻凝固（我的话）下来。于是，便雕刻了一张笑吟吟的墨丘利面孔，头像的下面他刻了几行字："墨丘利，变化无常。模棱两可、口是心非、滑稽可笑。"确实如此。于是，他又能够继续工作了。[1]

回来的路上，我们经过拉珀斯维尔和波林根之间的一座老教堂。荣格说，它的年代可追溯到七世纪，里面有十五世纪的壁画。这是献给古希腊雅典最高法院的法官狄奥尼修斯的[2]，八世纪以后，就再也没有为他建造的教堂了。

午饭后，在阳台上喝完咖啡，荣格、露丝和我一起走到湖畔，坐在码头喂天鹅，围过来九只天鹅和几只海鸥。这些海鸥在湖的上游繁殖，整天都待在这里。另外还有一些黑鸭子。阳光明媚，荣格去睡觉时，我在湖边码头凉亭下的一把椅子上坐着，天气温暖宜人。

后来，当荣格在花房的一块还未完工的石头前雕刻

---

1 《荣格：他在我们时代中的神话》（*C G.Jung: His Myth in Our Time*, ChapterXII, P.238），冯·法兰兹对这次经历有着完整的描述。

2 狄奥尼修斯（Dionysius the Areopagite），早期炼金术作品的作者。

时，我与他谈了起来，谈话中间，他会不时地凿几下。

他说起流言作为一种心理现象的重要性，特别是关于飞碟的传言。那种传播甚广的流言是有重要意义的。一个雷达线偏移的案例给他留下了深刻印象，这就不仅仅是传言了，尽管这种现象无法解释，却是一种极为重要的事实。多年来，对于这种现象有上百例经得起考验的报道，看来它们还是有一定真实性的。

加州有个精神病学家，与他的妻子在旧金山驾车驶过一座大桥时，他的妻子突然看到天空中出现了这些东西，她让他看，他瞟了一眼，因为正在开车没法长时间看。荣格听说此事，便写信给他。他回信说，他看到了，但他得知荣格会对这种事有兴趣感到困惑不解。他对于该现象的麻木，令荣格吃惊。他说，这种事用我们普通的思想范畴确实无法解释，但我们必须关注，众所周知，因为它们可能来自于我们的世界之外。法国已经有了一个专门的研究机构，美国也有。

他还谈到著名的美国广播剧［这是奥森·韦尔斯（OrsonWelles）将H·G·韦尔斯《世界大战》(*The War of the Worlds*) 改编的广播剧］的影响，关于火星人进攻纽约的故事。人们已经做好了接受这种消息的准备，好像他们内心一直期待着来自天外的大事似的。

在“小房间”，也就是我用来写作的内书房的写字台上，是伦敦分析心理学社赠送给荣格的一根曲棍球，上面写着：“纪念荣格，1955 年 7 月 10 日曲棍球比赛一周年。”这是 1955 年在苏黎世都勒酒店举行过生日晚宴之后，利奥波德·斯坦博士（Dr. Leopold Stein）代表伦敦心理分析学社送给荣格的。

荣格读侦探小说，我问他为什么。他反过来问我怎么看。我认为，人们喜欢把自己等同于聪明的侦探，或者在小说里，他们发现主人公做了所有他们想做而不敢做的事。他说，或许我是对的，而他自己感兴趣的是那些与他或他的工作无关的故事，而且它们大多是关于男人的。许多长篇小说都有心理的主题，这令他感到乏味，因为他有太多比小说素材有趣得多的病人。读侦探小说仅仅是一种消遣，主要是因为它们与他的职业无关；这里的人物都是虚构的，读完之后他就可以睡觉了。

1957 年 1 月 7 日

下午，我们坐在花园的房子。荣格坐在他正在雕刻的石头前，偶尔凿几下。“好吧，我们开始！”他说。

我问道，他最初是如何获得阿尼玛这个形象的。他说，这个形象是他做到白鸽的梦，看到一个像他大女儿的小女孩站在他身边的时候获得的。他是在 1913 年圣诞节期间做这个梦的。这是一个极为重要的梦，可与他四岁[1]时在莱茵瀑布所做的那个梦等量齐观。

他坐在古堡的凉亭里，这是一座漂亮的给人印象深刻的城堡，凉亭在城堡的最高处。他在一把镀金的椅子上坐着。他的左边是一张桌子，桌腿镀金，桌面是一块漂亮的绿石头，石头是一种特殊的大理石（vert du mer）或绿宝石，一种鲜绿色的翡翠。他的孩子们围在桌边，他的妻子不在。他坐着，透过没有玻璃的拱形窗凝视着外面，外面晴空万里，没有一丝云彩。突然，一只像海鸥或鸽子的白鸟飞了进来，栖息在他身边的桌子上。他示意孩子们不要说话，静静等待。鸟儿消失不见了，这令他感到极为困惑。接着他注意到，他的右边站着一个八岁左右的小女孩，她有着像他大女儿一样的漂亮头发。她跑到那群孩子们那里，过了一会儿跑了回来。紧接着又消失了。很快，白鸽子又出现了，停在他的桌子上，说："我只能上半夜过来，因为那个时候，

1　荣格《记忆、梦和反思》第一章"早年生活"（Chapter I, p.25–26）。

主人正忙着对付十二个死人呢。”[1]

那时，他无法对这个梦做出解释，但是后来，他把白鸽与赫尔墨斯（Hermes）——一种精神元素联系起来。他认出，这张绿色的桌子就是赫尔墨斯的翠玉录（Tabula Smaragdina），上面铭刻着炼金术智能的基本要素。这个梦预示着他将研究炼金术。

他还谈到另一个大约在1925年做的梦：

德国人与意大利人在意大利北部交战。他躲进一辆有人驾驶的、由几匹马拉的车里。他们到达了伦巴第平原，他想：“到这里，我们就安全了。”随后，他们走进漂亮的公爵府，占地很大，四周都有围墙。他们面前的大门开着，畅行无阻，对面的墙上也有一扇打开的门。他们驾车进去，打算穿过城堡，但马车夫在城堡的台阶前跳了下来，他不得不停下来。接着，大门全部关上。他知道他们被困住了，但他有种感觉，他无论怎样都能逃出去。

直到后来，他才明白，这个梦与炼金术有关。因

1　同前，“对抗无意识”（Chapter VI, p.166）。

为，他在一本古老的文献《制造黄金的艺术》（*Artis Auriferae*）中，发现了与那个城堡和紧闭大门的对应物：正如他看到的那样，这是个预见性的梦，预示着他将会心醉神迷地投入炼金术[1]研究。

1957 年 1 月 8 日

我问到阿尼玛的负面因素。他说，“噢，只有当它们似乎以一种对立的方式反对我们时，我们才会第一次意识到阿尼玛的各种负面因素，也才会唤起我们对它们的注意。”

他提到，有一次正在他画画的时候，清楚地听到了一个女人的声音说：“这是艺术。”这件事就发生在他写作手头一本书而停滞不前的时候。发生这件事的意义在于，似乎他写的这本书就像小说或类似小说一类的东西，只能被当作艺术来看待，而与真理无关。这是一个他认识的女人的声音。她是个艺术家，曾来苏黎世看过病，对他伯格霍兹里的前同事产生过巨大的影响：一

1 同前，“作品”（Chapter VII, p.194–196）。在《荣格：他在我们时代中的神话》的“墨丘利”（Chapter X, p.201–203），冯·法兰兹在更宽广的背景中谈论这个梦。

种不好的影响。因此，当他听见她说“这是艺术”时，他意识到，可以说正是这个女人的声音将他的朋友带上了歧途，所以他有办法对付这种声音。这件事发生在1913年的困顿期，当时，他正打算辞去大学精神病学讲师一职。他无法继续将书教下去，因为在他研究过弗洛伊德和阿德勒的方法之后，已经清楚地看到，这两个人的方法都太狭隘了。因此，他必须为自己另谋出路，就像曾经有过的那段时期那样，他很容易把自己的作品当作艺术看待。但这是一种自我欺骗，使他误入歧途的正是阿尼玛的负面因素。[1]

吃完午饭，下午，我在阳光沐浴下的湖边坐了一个半小时。然后喝茶，与荣格聊天。后来，散步去一个小公园。

他谈到了心理类型。外向型人无法从内在角度评价任何东西的价值，因而，许多学院派心理学都是从表面的东西着手的，例如，心理测试，或者从身体方面来解释心理活动。他们其实不明白，心灵自己有它的因果关系，内心生活自己就会产生影响，就像大脑会自己产生想法或出现症状那样。而如果人们假定，这些想法或症

1　在《记忆、梦和反思》第六章“对抗无意识”（Chapter VI, p.178–179），荣格写下了这段经历。

状都来自外世界的话，那么产生它们的“原因”或许就在于他们没有注意过的感情。

他提到心理测试与实验精神病学，哈佛在这方面花费了巨额资金，他们有一幢装满了测试反应仪器的大楼，他参与过其中一项实验。实验展示了快速移动物体所产生的视觉错觉，其运动方向看上去与它本来的运动方向相反。他问教授，为什么他们要做这种事，尤其是在“人际关系系”，他们从这项工作中又取得了什么样的成果呢？教授无言以对，但他说，这是一项必要的科学研究。荣格认为这种研究，以及其他类似的研究都没有多少意义：他们测试的人类反应实在太微小了，似乎对心理学的理解不会有丝毫帮助。

晚上，我和荣格两个人单独吃晚饭。饭后去书房坐。他让我看一本1540年的英文《圣经》，书的主人是特洛布里治（Tonbrige）的托马斯·沃利斯（Thomas Wallis）。从墓志铭的开头处得知，他于1755年，八十五岁时死于胃痉挛。他还给我展示了他所收藏的炼金术书，他说，在这方面，他是瑞士最好的收藏家。其中一本书特别有趣，它的副标题是：

《化学剧场》

英国

本书收录我们英国著名哲人们的一些诗句

以及他们用自己的古老语言写下的神秘炼金术

由阿什穆尔（Elias Ashmole Esg）忠实地整理成集，并加上注解。

一个热爱炼全术的英国人

格里夫曼（J. Grifmann）为奈斯（Nath）印刷

地址：伦敦布鲁克康希尔街角

出版时间：1652 年

阿什穆尔作序

写于 1651 年 1 月 26 日

致所有勤奋地学习最神圣的神秘炼金术的聪明学生

主书房里挂着两幅油画，左边是荣格父亲的肖像，另一边是他祖父的肖像。他说，他有一封他祖父写的信。他（祖父）兴高采烈地坐着马车穿过圣哥达山口去另一个山口时，因道路狭窄崎岖掉进了山谷。

1957年1月9日

今天，荣格收到两本小册子。书名是《神圣的法律》（The Divine Law），是书的作者，一个叫做艾耶（B. Subramanya Iyer）的印度哲学家寄给他的，二十年前，荣格在的巴黎哲学大会上第一次遇见他。书上签着："致以深切的问候。1956年11月30日。"荣格回想起巴黎会议上，没有人听艾耶的演讲，因为他说话就像十三世纪的人。就像艾克哈特大师（Meister Eckhart）在演讲一样，谈论着人身上的神圣光芒。大家都对他不屑一顾，只有荣格为他喝彩，并邀请他来苏黎世。但荣格也意识到他掌握不了现代思想，因此他不可能理解为什么没有人重视他。后来，荣格去了印度，接受他的邀请去了迈索尔邦（Mysore）。在那里，此人是统治者的精神导师，荣格受到了盛情款待，住在统治者的客房，乘坐一辆舒服的老爷车到处兜风。这件小事可以说明荣格有着开放的胸怀，他看到了这个人有趣的一面，但同时也认识到，他根本无法理解荣格的心理学。同样，当荣格在孟买演讲时，也没有一个人听得懂荣格在讲什么，因此他开始讲催眠的故事，他们则认为这实在太精彩了！

后来，他谈到在做心理分析过程中出现的原型顺序：最先出现的是阿尼玛，接着是智慧老人，然后是永恒少年（puer aeternus），因为每一个智慧老人也都必须具备青春的精神。他还提到代表着本能的各种原型，也就是说，本能可以以许多种方式表现出来：可能有数百种。而选择哪种原型意象，则根据它所对应的本能。

他说到他非常熟悉的多赛特郡（Dorset）和塞纳阿巴斯的白马（White Hourse of Cerne Abbas），[1] 以及其他事。晚饭后，露丝翻开《听众》（*The Listener*），首先映入她眼帘的是一张约克郡的白马图。荣格对这幅画很感兴趣，他说那里的东西都被清理过，这匹马仿造得也有些失真。一切都在改变……他发现多赛特陌生而怪异。他曾在那里露营。

1957 年 1 月 10 日

荣格谈论起自然科学家的观点。他说，他不希望别人把他自己的作品当作哲学来看待。他对抽象的东西不

1 事实上，阿尔卑斯山的这幅画不是一匹马，而是一个扛着大棒的巨人。它是古代生育的象征，过去，没有孩子的妇女们会来这里祈求让她们怀孕。

感兴趣，他只对观察到的东西感兴趣，并试图理解它们。他具有批判精神，无法接受某种疾病是由某些事件引起的这样的解释。他试图去研究特殊疾病，看看它究竟是怎么回事。生活不仅仅是我们所期待的那样。人们希望了解现实，譬如，他们试图消除错觉，仅仅因为这种错觉与“现实”不符。但错觉本身就是某种东西，不能因为错觉不同寻常，就否认它的真实性。

他说起一个梦，是几年前在波林根的时候做的。当时刚刚造好第一座塔楼，他一个人在那里待了几天。那里出奇宁静，与大自然融为一体。梦中，他听到各种乐器的声音：有手风琴、小提琴等，他看到长长的一队人沿着湖的一边，从施梅里孔方向走来。走到塔楼时，他们分成了两路分别沿湖的两边走去。这一切是如此逼真，以致他醒来时不禁想，他们在做什么呢。他不认为他在做梦，于是起身拉开百叶窗去看这些人。那里一个人也没有，清朗的夜空中只有满天星辉。

回到床上，他又睡着了。同样的梦又出现了，但在梦里，他想，尽管这一切都是真的，但它却是个梦。然后他又醒来，再次向已经拉开的百叶窗外看去。

那时他无法解释这个梦。这个梦大约是在三十年前做的，直到去年，他偶然读到一份由一个叫卢塞恩

（Lucerne）的老历史学家写的报道：卡赛特（R. Cysat，1545—1614）收集整理了一本该地区十七世纪初的民间传说。其中有个故事讲到皮拉图斯山牧羊人，一个赶路人和他一起过了一夜，早晨，赶路人问起牧羊人一队人奏乐的事：那些人就从他们宿营地的另一边走过。牧羊人说："哦，你看到了沃旦的主人。"

荣格举这个梦作为例子是想说明，集体无意识是怎样在一些特定的时刻聚集起来的，并且具有极高的价值。有时候，孤独与闲暇非常重要，因为这时我们就会接近大自然（正如他做这个梦的夜晚），我们就可以听到天籁之音了。

他还告诉我，许多年前，他与他妻子和孩子们一起去瑞士的一个地方度假，他对这个地方非常熟悉。一天早上，他和孩子们去探险，午饭时返回。他的太太告诉他，她去了镇子的另一边，那里有一片堆石和一些小山丘。她看到其中一个小山顶上有幢非常古老的木头建筑，便爬上去看。她对门上的雕刻很感兴趣；由于年代久远，木头的颜色已经发黑了，但雕刻却异常完好。荣格说："太有趣了！我怎么不记得有这样一座建筑呢，我对那里的堆石非常熟悉。"他请她再把这幢建筑的位置描述一下，她建议说：午饭后他们可以一起去看，那里只有二十分钟的距离，在第二座或第三座小山上。午饭后，他们就出发了。他们走过第二座、第三座和第四座山，都没有建筑物。她感到困惑不解，但她肯定，她绝对看到过。他们花了两个小时察看了每一座小山，但就是找不到。荣格说，他太太是个各种功能平衡得特别好的人，有着丰富的常识："她是个感觉型的人——你无法强加给她任何东西。"但她却遇到了这种事。这是事实，荣格对此无法做出解释。

过了很久，又发生了一段类似的插曲。荣格曾对托尼说起过拉文纳（Ravenna）的东正教洗礼堂，那里埋着加拉·普拉西提阿（Galla Placidia）[1]。公元五世纪初，在驶向拉文纳的路上，作为海上风暴的幸存者，加拉·普拉西提阿修建一座教堂兑现了自己的承诺。后来，最初的教堂被毁，但她的墓地还在。

参观完墓地后，他们走进了洗礼堂。尽管没有人工照明，里面却充满了蓝盈盈的幽光。荣格环顾着建筑，对托尼说："不觉得奇怪吗？怎么在这座八边形的建筑

1 [编注] 加拉·普拉西提阿（Galla Placidia）为罗马帝国狄奥多西大帝之女，曾被哥特人俘虏，被赎回后又因政争被放逐君士坦丁堡，后来回到拉文纳，立幼子瓦伦丁尼安为罗马西部帝国皇帝并以皇太后身份摄政。在位期间在拉文纳修建了大量的教堂，其陵墓布满精彩的早期拜占庭马赛克壁饰。

中，东南西北各个方向都有漂亮的马赛克画，可我不记得之前看到过它们——它们太令人震撼了！”建筑物的中央是一个受洗池，因为是用来浸洗的，所以是个大盆子。两人一起把马赛克画研究了约二十分钟。荣格说，这些马赛克画约有走廊挂毯（约六英尺乘以八英尺）的两倍大。每一幅画都讲述了一个受洗的情景：一幅是圣彼得沉入大海，我们的主救起了他；一幅是埃及人被洪水淹没时，红海里挣扎的以色列人；一幅是叙利亚的纳曼在水里受洗，治疗麻风病；还有一幅是我们的主所经受的考验。

每一幅马赛克画都表现出洗礼所具有的双重象征：既拯救生命，同时又面临着死亡的威胁。给荣格留下特别印象的是那幅画：沉到海里的彼得伸出手，耶稣抓住了他，这是一幅最美丽的蓝贝斯马赛克画。

一离开洗礼堂，他们就去对面商店买这些马赛克照片——这种地方附近总是可以找到这样的小店。他们买到了洗礼池的照片，但没有一张有马赛克画。他们又去了另一家商店，不幸的是，同样如此，再去另外几家，仍然没有得到他们想要的照片。

不久以后，迈尔要去意大利，荣格对他说一定要去拉文纳看看这些马赛克画，弄到它们的图片，如果买不到，就把它们拍下来。那时，荣格正好在开讲座，他在讲座时提到了他和沃尔夫小姐曾在拉文纳看到过的美妙的马赛克画，还对它们做了详尽的描述。

迈尔博士从意大利返回后告诉荣格，他已经去过了拉文纳的洗礼堂，但那里并没有他描述的那种马赛克画。荣格把这话告诉托尼，她说："真是活见鬼！我亲眼看见过，你还谈论了它们约二十分钟！""可是，"他说，"没有这种马赛克画！"因此讲座时他说："女士们，先生们，我很抱歉，没有这种马赛克画。"[1]

这是两个人都经历的事，然而，该如何解释这种现象，却令他感到相当泄气：他提供不了任何线索。

他提到这些事是为了表明，大脑是多么神秘，而我们对它的了解又是多么有限；当心灵的表现与我们习惯于称为现实的东西不相符合的时候，要去"解释"这种心灵现象是多么徒劳啊！心灵中有许多东西都是我们不理解或尚未被发现的，这就是他去非洲、去印第安普韦布洛（Pueblo）部落，以及去印度的初衷。他想去研究非洲原始人的心灵，那里人们的想法与我们自己的观点

---

1 在"一九三二密宗瑜伽研讨会"期间，荣格谈到过这些马赛克画。在《记忆、梦和反思》第九章"旅行"的"拉文纳和罗马"一节（Chapter IX, p.265–266, *Ravenna and Rome*）。

是截然不同的。人类理解的光谱是无限多样的，当我们试图对超越我们理解范围的事物进行解释时，我们不能够持非黑即白的简单态度。

因此，在非洲之行中，他曾问过一个聪明人一个问题，此人可能是个祭司，也可能是教师。荣格问他：世界是扁平的，圆盘型的，还是球形的？他答道："世界是圆盘型的。""那么，"荣格说，"假如你看到地平在线有一艘船，你最先看到的是哪个部分？""你会看到船。""不。"荣格说，他拿这个问题问其中的另一个人，这个人说："你会最先看到烟，然后是船桅杆，然后才是船。""这就对了，"荣格说，"这是因为世界是个球体。""不，"祭司说，"不对！""好吧！"荣格说，"那么理由是什么呢？"祭司看起来相当困惑，他托着头踱来踱去，一时回答不出。过了一会儿，他说："我现在明白了！真主造了一头巨大的石牛，把它扔进了大海，但把牛的左角留在了海面；那个角就是地球。牛角是突出来的，因此你会认为地球是球体，但它不可能是球形的，因为假如是这样，海就会掉下来！""是的，"其他人都说，"这才是真正的原因。"

荣格感到非常有趣，因为他知道，这是一个古老的波斯观念。这些人把它当作事实来看，并感到满意。

他继续谈他的非洲之旅，就在那里，他第一次遇见露丝·贝利。那是1925年，从那时起，她一直保持与荣格一家的亲密友谊。这次旅行的同伴有彼得·贝恩斯（Peter Baynes）和乔治·贝克威茨（George Beckwith）。福勒·麦考密克本来打算一起去的，但没有成行。露丝和她妹妹与荣格乘的是同一条去非洲的船，两姐妹将在内罗比（Nairobi）与她妹妹的未婚夫见面。不过，露丝不是在船上遇见荣格的。荣格和他的同伴们并没有参加船上一般性的社交活动，而是远离人群，要么阅读，要么相互聊天，被称为“三个奥巴代亚（Obadiahs）”（来自一首老歌）。到了内罗毕，所有人都住在同一家旅馆，露丝妹妹和她的未婚夫就是在这里结婚的。当然，这个妹夫也向露丝展示了这里的每一个礼仪，这对新人不让露丝自己出去，让她跟他们一起留在这里，这令露丝感到尴尬。晚上，旅馆举行舞会时，露丝趁机离开了那对新人，溜到附近的一家酒吧；荣格正坐在那里研究地图册，她问他，假如不打扰的话，是否可以坐同一张桌子，以免显得孤单。他说，“噢，当然可以”，说完继续研究他的地图册。大约有一个小时，他一言不发，然后突然说：“你对地图感兴趣吗？”她说：“是的，非常有兴趣。”随后，他谈起他的旅行计划，指给她看他们要去的地方。

这次见面后，露丝与荣格及他的同伴相处了一段时间，直到荣格他们离开旅馆。荣格一行向埃尔贡山走去，并在山脚下宿营。就在那里，荣格收到一封乌干达总督写给他的信，问他是否愿意护送一位英国女士，她将从内罗毕经苏丹和埃及返程（这正好与他自己计划的路线一致）。信中提到的人就是露丝，因此，内罗毕的见面为荣格答应护送露丝铺平了道路。露丝自己找到他们的营地，在接下去的三个月左右的探险中一直和他们在一起。她以前没有听说过荣格，对他的作品或名声也一无所知。她善于运用自己的天赋应对野外生活中可能遇到的情况，用幽默和善意，以及极强的动手能力来应对一切。[1]

1957 年 1 月 11 日

荣格再次提到《无意识心理学》的出版。他说，在写“牺牲”（Sacrifice）一章时，他遇到了极大的困难，

1 见芭芭拉·汉娜所著《荣格：其生平与工作》（p.165ff）。

两个月写不出任何东西。他说，他写的时候没有分章节，是一气呵成，事后才分出章节的。他觉得弗洛伊德不会接受这本书，因为他引进了另一种原理，即自主产生的无意识。在弗洛伊德的思想中，从来没有承认过这种观点。荣格感到，这本书的出版，将意味着他与弗洛伊德的决裂。他的妻子一再向他保证，这不可能，但他对她的判断保持怀疑，事情的结果正如他预料的那样。

他提到，他曾经说过，他的思想来自他自己的思考，不是从其他人那里学来的。为了左证，他说，他曾饶有兴趣地试图去理解弗洛伊德与阿德勒观点的分歧。其他许多人都知道这一点，但是，除了他自己，没有人把这当回事。而对他来说，这是重大的问题，正是通过对该问题的研究，导致了他《心理类型》一书的诞生。我问他本人属于他自己划分的哪种心理类型，他说，他肯定属于内向思维型。

与弗洛伊德一样，阿德勒也满足于他自己的理论，因为依靠这套理论，他可以解释一切。对阿德勒来说，性不是重要的事，出人头地更加重要。荣格认为这是两种不同的观点，每一种都可以解释许多事，但不能解释一切。弗洛伊德已经创造出了他的方法和理论，但却是错的。弗洛伊德不愿，也无法成为经验主义者，因为，如果你有一套固定理论的话，你就不可能是一个彻底的经验主义者。

他提到：当他意识到通过词语联想测试，他已找到了弗洛伊德压抑理论的临床证据的时候，内心所产生的激烈斗争。魔鬼说："为什么不发表呢？它本身就非常有趣，而且，也不用提到弗洛伊德。"但是，他抵制了这一瞬间产生的想法，当场决定把自己的命运与弗洛伊德联系在一起。这是个严肃的决定，因为这意味着，将牺牲他的学术生涯，违背许多朋友的忠告。但是他对真相更感兴趣，"让学术生涯见鬼去吧！"

他评论道，对一个人来说，重要的是使用自己的功能，正如他们本来是什么就应该是什么。比如说，假如一个女人始终保持理性的话，那会多么乏味啊！最好她们的行为有一点出乎预料或非理性，这会令她们变得更为有趣。

谈到弗洛伊德学派认为，一切都源于被压抑的童年性欲时，荣格说："他们的观点是，当你意识到这一点时，你就只好抛弃掉童年性欲，忘掉它才可被治愈。但你不可能既不伤害它，又能抛弃它，因为孩子气的东西是非常宝贵的：如依赖性、好奇心和期待心。这是永恒少年，是人所需要的，尤其是对上了年纪的人来说，它可以让人保持健康。因而，试图摆脱它是一个天大的错误。而且，你也无法恰当地处理它。”他说：他经常问别人，什么是真正的升华呢？从来没有人能够回答这个问题。这只是一种说法，现实中是不存在的。你不可能通过改变一个人去适应一种理论。

我问他是怎样治疗狂躁型忧郁症患者的。他认为这些人是非常难治的，就像通常那样，最好是在他们还没发狂或忧郁之前，就把他们弄到床上去。

此外，他还谈到两个忧郁症患者的案例。有个害怕去巴黎的忧郁症女人，病情稳定两年之后，开始渴望去罗浮宫看画（她是个受过高等教育的人），就和一个朋友去了巴黎。到达那里的当天，她和朋友就被一辆出租车轧死了。另一个案例是一个害怕踏进公共建筑物的男人，他说，比如，踏上进入大英博物馆的台阶。这个人在柏林时，正好是希特勒上台前的国内危机时期，街上有人开枪，人们都跑进房子避难。他在一幢公共建筑物的外面，冲上台阶想躲过一劫，但就在台阶上，“一颗子弹找上了他”，他被打死了。

总而言之，除了心理学方面的讨论之外，我一再注意到，与荣格做一般性谈话时，在他做出任何评价之前，他首先关注的总是事实本身，在事情还不明朗时，他总会向人提问，直到他确信自己已经听懂了他们的意思。这是他非常典型的工作作风和态度，他不会先入为主，想听到事实。他时刻准备着接受新的或出人意料的东西，这就是为什么他没有终结性理论。

当晚散步时，他问我，在听布道时是否听说过不公正男仆的寓言故事。我说没有。“不”，他说，“神学家们从来不会在布道中说起，因为基督赞美过这个撒过谎的人，换句话说，这完全是有意为之。”[1]

晚饭后，我们坐在走廊上。像往常一样，荣格围着一条蓝围裙，坐在小桌的后面，桌上放着一块石头，石头上是他正刻着的男性一支的家谱，不时娴熟地雕几下字母。他说，铭文是用拉丁文写的：“你知道，在称呼祖先时，拉丁文是一种准确而高贵的语言。”

接着他说道，当他被授予哈佛荣誉学位时，拿到的

1 《荣格全集·心理学与宗教·答约伯》（CW Vol.II, VI）：“在基督的言说中，已经显示出了超越传统‘基督教’道德的思想——例如，不公正管家的寓言，其中的道德就与伯撒抄本的箴言相一致，它所透露出的道德标准与我们所期待的道德标准非常不同。这里的道德标准是觉悟，而不是法律或惯例。”（在注脚里，他引用了伯撒抄本：“人啊，如果你确实知道自己做了什么，那么我保佑你；但如果你一点都不知道自己做的事，你就会受到诅咒，成为法律的违背者。”）

荣誉证书是用拉丁文写在“羊皮纸上”的。他尤其好奇的是，他们是如何把“无意识”翻译成拉丁文的，即 mens vacua，意思是，未知或未经探索的心灵。他被称为是无意识的探索者，他认为这句话特别恰当。

过了一会儿，他给我看一把刀子，很久以前，随着一声巨响，它被劈成四片。他把它用一张厚纸包起来，在下面做了一段说明。他还说到突然炸裂的桌子。那是一张桃木桌，是他祖母嫁妆的一部分，大概已经七十年了。这两件事都是无法解释的，[1] 都发生在他见通灵女孩的不久前。他的博士论文《论心理学与所谓灵异现象的症状》（*On the Psychology and the Pathhology of so-called Occult Phenomena*）[2] 里，就写到了这个女孩。

同时，他给我看一个浅色（红色或粉红色）的小玻璃杯碎片，玻璃杯顶部的一圈锋利无比。他说，就在他丈母娘死的那一刻，玻璃杯的上半部突然炸裂了。他再次提到拉文纳洗礼堂的经历，至今仍是另一件无法解释的事件。

1 荣格著《记忆、梦和反思》第三章“学生时代”（Chapter Ⅲ，p108–109）。

2 1902年，荣格用此论文作为他苏黎世大学医学系的学位论文，该文收录在《荣格全集·精神病研究》（*Psychiatric Studies*, CW Vol.I, I）。

让我感兴趣的一点是，自从 1898 年以来，他一直小心翼翼地收藏着这把刀，以及后来的这只玻璃杯。这一点也很有趣，直到那个晚上，他才在包刀片的纸上写下说明。

1957 年 1 月 12 日

早上吃早餐时，荣格说起 1902 年他去巴黎的事。他从来没见过沙可[1]，那时他已经退休了，但荣格上过贾内[2]的课。他发现这些课枯燥得要命——丝毫不能让人受益。贾内从不了解他的病人。与之相对的是弗洛伊德，他从来不比他病人知道得更多，只能通过自己的理论来了解病人。贾内是典型的法国心理学派，还停留在以法国为欧洲中心的十七、十八世纪。法国人不旅游。荣格曾读过一篇法国《晨报》（*La Matin*）上的相关文章：法国人把外国人视为不开化的人，为什么要去看他

---

1 让·马丁·沙可（Jean Martin Charcot, 1825–1893）。他与他的追随者们一起创立了著名的萨博特学派（The Salpêtriére School）。他对他那个时代神经病学的发展做出了贡献，以在歇斯底里方面的研究和催眠术的使用而闻名。

2 皮埃尔·贾内（Pierre Janet），他以研究南锡沙特诊所催眠术的使用而闻名。

们呢？他们拥有他们所需要的一切。所有受过教育有教养的人都说法语，因而在巴塞尔贵族那里，使用法文是相当符合礼节需要的（de rigueur）。就连莱布尼兹[1]也用法文写作。

他提到苏黎世博物馆里著名的挂毯。挂毯图案描绘的是与一个法国国王签订条约时的场景：法国人穿着华丽的衣服和长袍，瑞士代表团戴着高帽，穿着黑外套，就像一群老人。"一切都是内在的，和外界无关。法国人十分聪明，而瑞士人非常狡猾，这就是对法国人和瑞士人心理的最好概括——这样你就全都明白了。想弄懂法国病人的心理，你就得知道这些情况。"

他在法国待了几个月，但一个法国家庭也不认识。学生很多，然而，出了教室就不见面了。如果你要从他们那里买东西，或者，他们有求于你的话，法国人会非常礼貌，此外都是敷衍。他们还像大革命之前那样。然后，拿破仑和大军团（La Gradde Armee）来了，但法国人仍然高高在上，目空一切。他们还像从前一样只重视表面，所以他们做出奇装异服来卖。

去伦敦时，他住在大英博物馆附近的一个小饭店，

1 莱布尼兹（1646–1716）。

发现这里与法国完全不一样。

他给我看一封来自美国病人的信。二十多年前，他曾为她治疗过思觉失调症。她写道："那时，你对我说，崩溃是我的一次重要机会，我以为你仅仅想给我坚持到底的勇气。然而，你是对的，现在的我就是一个证明。假如我没有这么幸运地遇到你的话，我就会彻底崩溃，我提到的所有好事都不会发生。"

这天晚上，正如这次拜访中已经形成的惯例一样，我们又在书房坐着：荣格坐在他的椅子上，阅读或玩纸牌，露丝在长沙发上看书，我坐在放着罩灯的书桌旁的椅子上写笔记。几乎没人说话。

1957 年 夏

1957 年 7 月 2 日　波林根

抵达波林根。天很热，旅途令我疲倦。我们在湖边吃了晚饭，打算以后把木桌搬到湖边，所有的事都是我和露丝·贝利做的。

塔楼是个神奇的地方。入口通向庭院，庭院有两个出口，门都是闩着的。还有一个外层，被墙和部分房子围起来，也有闩着的门。

就像西斯特拉斯的房子一样，这里也只有一扇门通向房间，门很重，装着一把大锁和两把耶尔（弹簧）锁。窗户很小，包括楼上的窗户都装着栅栏。客厅通向厨房，1923 年荣格最初建塔楼的时候，就是以它作为基础的。从前，厨房门是进入房子的主要通道，因此它也是一扇有着坚固大锁的厚门，这扇门通向楼上的书房和新房（建于 1956–1957 年），这扇门也能锁上。

荣格睡在旧塔楼，以便于他独处。如果有盗贼从前门进入，就算他砸开锁也还是进不来。所以，它就像堡垒一样，具有浓厚的中世纪特点。[1]

1957 年 7 月 6 日

早餐时，说起专注。荣格说，在写作时，他可以全神贯注，不大会轻易受到干扰。昨天早上，露丝进来告诉他该吃午饭了，那时他已经写了两个小时了。他感到非常吃惊，好像他没来过这里，什么都没有写过一样。这是因为他太专注了，根本没有注意到时间的流逝。

我提到柯勒律治（Coleridge）：正当他在写《忽必烈汗》（*Kubla Khan*）时，有个从庞洛克来的人打断了他，他就再也无法继续写下去了。

荣格马上问："这个人想干什么？他带来了什么消息？"我不知道。"但这非常重要，"荣格继续说道，

1　这条沿着苏黎世湖上半部南边，穿过波林根的路，曾是从东边过来的罪犯和冒险家们参加马赛（Marseilles）外国兵团的必经之路，因而需要注意安全。

"肯定是触动了情结，使他陷入无意识中，结果他正在写的东西就消失了。我们也不得不继续追问，为什么像柯勒律治这样的人也会灵感枯竭。"对我这个没有想到这一点的人来说，吸引我的是：荣格怎么会一下子就抓住了要点，使整个画面变得生动起来呢。[1]

谈到上帝的观念，他说，他接受过康德式的教育。说起自在之物（ding an sich），上帝就是这种自在之

---

1 在威廉·迈克尔·罗塞蒂（William Michael Rossetti）编辑的《塞缪尔、泰勒、柯勒律治的诗歌作品》（*The Poetcal Works of Samuel Tylor Coleridge*）里，描述了这段插曲："1797年夏，当时正处于病中的作者，在一间孤独的农舍里隐居。这家农舍在庞洛克和林顿之间的埃克斯莫尔高地上——位于索美塞特郡西部和德文郡南部地区。由于轻微的不适，他服了止痛药。正当他在读帕切斯《朝圣》（*Purchas's Pilgrimage*）如下的句子时，药性发作了：'……忽必烈命令在这里建一座宫殿和一个宏伟的花园，因此，方圆十英里的肥沃土地都被墙围了起来。'他坐在一把椅子上睡着了。作者持续深睡了约三个小时，至少感觉上如此。在睡眠中，他强烈地自信可以写至少于两三百行诗句——如果这也可以被称为写作的话，那么这就是这样一种写作：在没有做过任何感觉或意识上的努力情况下，所有的意象都生动地一一浮现在眼前，伴随着与之对应的诗行。醒来后，似乎所有的记忆都历历在目，他立即拿起笔、墨、纸，迫切地记录下他记忆犹存的诗行。不幸的是，正在此时，一个从庞洛克来这里办事的人把他喊了出去，浪费了他一个多小时。当他回到自己房间时，令他吃惊和恼火的是，他发现，尽管他仍然保留着一些残存的模糊不清的梦中记忆，但是，除了八行的诗句残片之外，其他所有一切都像石沉大海。除了泛起涟漪一点，很快就消失无痕了……而从作者尚存的记忆片段来看，他曾多次试图完成最初获得的东西——但再也回不到过去了。1816年。"

物，他不是我们观念中的上帝，他是一种不可知的东西。全世界的人都有上帝的观念，但这些观念是他们的主观观念，而非客观的。

说起善与恶，我们必然始终同时拥有这两种观念。上面隐含着下面，就像光明包含着阴暗一样，善隐含着不善。我们的主观观念总是这样的，我们从中无法获得定论。事物就是它们本来的样子，树就是树，如果我们说它是一棵“好”树，那就意味着，说的是我们与树的关系，而对树本身而言，等于什么也没说，因为对其他动物来说，它可能是“坏的”。

他正在写飞碟[1]，而我们对它还一无所知。我们知道的只不过是我们已经观察到的东西，它可能来自火星或其他空间。飞碟被描述为有两种形状：一种是圆形的，一种是雪茄形的，就像管子里的药片一样，后者可以包含前者。他谈到一份旧报纸上的报道。报纸的几份抄本现存于苏黎世图书馆，报道上的图片与我们今天看到的飞碟非常相似。尽管有大量的记录，但保留下来的图片非常少，结果就好像不存在似的。

1 荣格著《飞碟，天空中的现代神话》（*Flying Saucers: A Modern Myth of Things Seen in the Skies*），1959 年出版于英国。亦可参见于《荣格全集·文明的过渡》（*Civilization Transitions*, CW Vol.10, Section V）。

当一些东西与我们通常接受的观念不相符时，我们就说它们是“胡说”。而当人们说某种东西“仅仅是想象”时，他举例说，在汽车或飞机还没有最终造出来之前，人们也说它们“仅仅是想象”，因而，想象也是种东西。

1957 年 7 月 7 日

早餐后，坐在我们放了桌子的阴凉处，我对荣格说起强迫症以及其中难以理解的成分。他同意我的观点，还说，直觉型的人经常会被问道：“我们现在该怎么办？”因为他们能够预测未来。

接着荣格的儿子，法兰兹·荣格（Franz Jung）（他是昨晚到的，带着他的两个儿子）的话，我提出这样一个问题：为什么梦总是在到达高潮之前时戛然而止。我认为，这是因为人们害怕他们自己身上的某种东西。荣格说，通常是这样，因为在他们的无意识中，有某种与他们已有观点发生碰撞的东西。他举了一个前来求诊的神学家的例子。此人反复梦到自己在一座山上。山下是一片树林，尽管他看不到，但他知道，树林里有一个湖。在后来的一个梦里，梦中的意象有了进一步的发展，这个牧师在树林里，朝着湖的方向走去。微风吹来，湖面泛起涟漪，湖开始“呼吸”了，他从恐惧中醒来。“噢，”荣格说，“这是个熟悉的主题，你对此有什么联想呢？”我问他在联想中，他想到了什么熟悉的东西？他说，他联想到《圣经》[1]里水被搅动的故事。这意味着，此人可以被治好，或者说，有治愈的可能性，但这也意味着他将放弃或修正他的神学观点，而这正是他所害怕的事。

他继续谈到非洲土著——他们有他们的自然心理学。荣格在埃尔贡山期间，曾与当地土著相处了一段时间，他注意到土著人可以敏锐地观察到他们一行人各自的性格。荣格始终克制着自己的情绪，引而不发，他们因此敬重他，把他当作老人和智者。其实他才五十五岁，头发却白了，因此他们认为他可能有一百岁了（因为他们的头发从来不会白，除非太老）。他们把自己的梦讲给他听，问这些梦的凶吉，假如不吉利，那天他们就不出门。

我谈到歇斯底里症的症状已经发生了变化。拿印度人和缅甸人来说，他们都有传统的歇斯底里症，而英国

---

1 病人们众集在耶路撒冷的毕士大池，当水搅动起来时，谁第一个踏进池子，谁的病就会痊愈。

人却没有。他说，瑞士也一样，现代人很难患上以前的歇斯底里症。

荣格正在读劳斯先生（Mr. Routh）写的一篇关于新改革可能性的论文［《所有灵魂的伴侣》（*Fellow of All Souls*）］。他说，这篇文章非常好，但还没有真正说到点子上——改革不可能来自对历史的研究或类似的东西，改革只能来自个人的内心体验。因此，改革必须来自今天已经存在的东西之中，来自过去的东西，譬如，圣保罗或耶稣的教诲只能作为启示，仅此而已。保罗自己就是突然获得觉醒的。除了个人的宗教体验（内在意义上理解的宗教）之外，其他都没用。这种体验可以采取许多种方式，比方说，恋爱或任何真正有活力的东西。

1957 年 7 月 8 日

与荣格长谈时，我又问起那个白鸟的梦[1]。他说很长一段时间，他都感觉非常神秘。开始的时候，他想到，“十二个死人”指的是圣诞节的前十二天，也就是

1　这个梦与 1957 年 1 月 7 日的谈话有关。

传统上女巫所说的一年中最黑暗的日子。说“圣诞节前”也就是说在“太阳复活之前”，因为圣诞日是一年的转折点，在密特拉教（早期基督教最有力的竞争对手）里，这一天是庆祝太阳诞生的日子——圣诞夜到节礼日之间的转折点。直到很久以后，他才把梦里的鸽子与赫尔墨斯联系在一起。

我又问到巴塞尔那张裂开的桌子。这件事大约发生在他见到通灵女孩前后，面包刀也是大概在那个时候碎裂的。那是一张他们吃饭的圆桌，这不过是一件怪事，不是宗教事件，因为是宗教的话，那就扯个没完了。这两件事是孤立的。[1]

然而，通灵女孩的降神会以及随后对她所做的实验对荣格来说就很重要了，因为从中他第一次看到了还存在着另一个世界（无意识），它有自己的生命，相当不同于意识生命。当这个女孩的灵魂出窍时，她比她十五岁半的实际年龄大。后来，他从中得出这样一个结论：无意识是没有时间的——她所有的生活都已经存在于无意识中了。这个女孩很灵巧，后来成了巴塞尔一流的裁缝，做出了最漂亮的服装。二十六岁时死于肺结核。

1　这些琐事在 1957 年 1 月 11 日的谈话中提到过。

我问到他的功能类型[1]以及弗洛伊德的那一套，例如，肛门性欲等等。他说弗洛伊德那一套是相当乏味的，那是因为弗洛伊德受到了阿尼玛的困扰。只有女人才会对这种事感兴趣，由于她们要生养小孩。而他之所以描绘出功能类型，是因为总的说来，这些功能是真实存在的，并且是可以理解的。只要思考和感觉，每个人都能明白这种划分的意思，它们并非无的放矢。

他说，他与弗洛伊德决裂后的日子对他来说非常艰难，恰好又是在一战爆发之前。1914 年 7 月，他受邀去亚伯丁做思觉失调症[2]的演讲，那段时期，他正最大程度上受到种种幻觉的干扰和折磨，后来他做了一个梦。几个月之中，这个梦出现过三次，尽管细节上有所不同，但中心主题是一样的：描绘的是极地的冰川融化，淹没了欧洲和文明社会。起初，他只从个人角度来看待这个梦，还不知道梦的其他意思。而当战争[3]爆发后，他所担心的，或许有个人不幸降临到他头上的忧虑

1 《荣格全集 · 心理类型》（CW Vol.6）的第十章中，谈到过这几种功能。

2 荣格著《论无意识在精神病学中的重要性》（*On the Importance of the Unconscious in Psychopathology*），收录在《荣格全集 · 精神病的心理发生过程》（CW Vol.3, Ⅲ）的题目第一次发表在《英国医学杂志》（1914）。

3 《记忆、梦和反思》第六章“对抗无意识”（Chapter Ⅵ, p.169–170）。

减轻了，因为他明确地意识到，这些梦暗示的是战争的灾难。他经由德国从亚伯丁回家时，有几段路乘的是军用列车。在科隆或科隆附近，他看到一艘被击落的齐柏林硬式飞艇，飞行员挂在树上。

谈到他后期的写作。他说，在他发表炼金术著作[1]时，人们说，真是一派胡言。一个牛津教授给他写信说，读完这本书，他感觉有趣极了，但书中没有给出证据。“可是，”荣格说，“这本书到处都是证据啊！他需要什么作为证据呢？他可以用什么东西做出‘科学’解释呢？用照片吗？”荣格认为重要的是：人们想的东西正是炼金术士们已经做过的，炼金术士们有过的经验，今天依然存在。他感兴趣的是体验，而非“证明”。

1957 年 7 月 11 日

关于弗洛伊德所假定的审查员，由于它是无意识因素，是以分裂的形式出现的，因而我们永远不可能知道。他因此推导出，梦里出现的任何尖锐的东西都是阴茎，所有有洞的东西都代表着阴道。“但是，”荣格问

1 《荣格全集·心理学和炼金术》（CW Vol.12）。

他，“如果梦到阴茎，那么它又代表着什么？”“噢，那么，”弗洛伊德说，“审查员不工作了。”这无疑是一种“想当然尔”（petitio principii）。

我问起尤金·布雷勒以及他对梦的态度。荣格说他从来没有认真对待过梦。他会问荣格某个具体的梦的意思，但是对任何给出的解释，他的回答总是：“都是胡说八道！”

荣格说，布雷勒后来出版了一本伯格霍兹里医院史，几乎提到了在那里工作过的每一个人，却没有提到他。而恰恰是荣格，通过对词语联想测试的研究和他发表的著作，使得伯格霍兹里闻名遐迩。有人写信给布雷勒，问他为什么不在他的书里提到荣格，他回答道：“哦，他已经大名鼎鼎了，每个人都听说过他！”但为什么要把他排除在外呢？这就是不写他的理由吗？

我们谈到邪恶，他提起《新约圣经》中的奇怪法则：“给他，他将要得到的东西。从他那里，拿走他将不会拥有的东西。”[1]（我提到一个英文版本，是这样翻译的：“拿走似乎是他拥有的东西。”但他说，在德

---

1 见关于天赋寓言的最后一句话。（《马太福音》，25：29）。
[编注]中文和合本译文为：“因为凡有的，还要加给他，叫他有余；没有的，连他所有的也要夺过来。”

文译本中不是这样的）。他说，作为一种原则来说，它是不公正的。他还提到，基督骑着驴子去耶路撒冷时说的话是不对的：走路的人一无是处。这是他为即将到来的凯旋，成为尘世的救世主而自居。随后，他又诅咒光秃秃的无花果树，这也是错的，因为此时还不是无花果结果的季节。就像一个人去踢一块绊倒他的石头那样。也就是说，荣格认为，基督骑在驴子上说的话是错的。他因为发脾气，才诅咒无花果树，就像我们普通人一样，他发脾气时常常犯错。

在诺斯替教中提到，上帝说：他创造的东西都是好的。而对凡人来说，不到创造的最后一天，我们怎么可能知道好坏呢？

荣格经常会发表一些有趣而尖锐的评论，譬如在高伦街，他向一个人问路，此人告诉了我们该怎么走，看到不远处泛滥的莱茵河（或它的一条支流），他又啰里啰嗦了起来。事后，荣格讽刺道："这些外倾型的人是相当有用的。"

当我们开着福勒的车兜风时，他一路上都在兴致勃勃地欣赏乡村景色，谈起它的地质地貌。今天，我们从高伦大街一直开到康斯坦丁湖（Lake Constancc）的罗夏奇（Rorschach），然后又沿着汇入湖泊的莱茵河向南开。我们继续向萨苷斯（Sargans以葡萄酒和军事要塞闻名）方向开，然后沿着一条宏伟的大道经瓦伦湖到达韦森（Weesen）。我们本来预期能在这里美美地吃上一顿，实际上，却是一顿平淡无奇的饭菜。

1957年7月13日

今天，荣格读了一个小故事，是我曾治疗过的一个病人发表的。他（荣格）认为这是个邪恶的故事，并从病理学方面做了评论。这个故事让他想起他曾经见到过的一个年轻女人，她认为自己正生活在月球上（月亮属于阴性原则）。他对她进行了治疗，而且治好了她。但整个治疗过程相当棘手，他认为最重要的是要与她保持接触。她的故事反映了问题的本质，荣格毫无保留地接受她的叙述。经过许多小时与荣格的交流，三个星期后，她给了荣格一个沉甸甸的小袋子，里面装着一支上了镗的左轮手枪。“这是什么？”他问道。她说，这三个星期以来，她一直随身携带着它，如果他治不好她，或不相信她说的话，她就向他开枪。不知为什么，荣格始终担心她可能会做出伤害他的事，但他不敢跟她说。

后来，她结婚了，有了家庭。当她已经成为一个老姻时，她写信对荣格说，过了这么多年，她仍然无法相信，她曾经患过精神病，而且还住过院。

他说，人们很难接受心灵除了是个人的主观的之外，还可以是其他的东西。但是，自从他接触了通灵女孩之后，他就把心灵视为一种拥有自主律的客观现象了。

今天，荣格看上去情绪很好，他兴致勃勃地从一本美国杂志上挑了几个片段朗读了起来。其中一篇写的是一匹会思考的马，另一篇讲的是一条行为古怪的狗，它的主人还为它请来一个狗的精神病专家！这令他十分感兴趣。也有可能是马的主人影响了马，通过刺激，使得马用脚打拍子来数数[1]。

他继续说到那些显灵的各种招魂术现象。他举了一个例子，他的一个熟人曾参加过这种实验：出现了一只手，他的朋友抓住了它，手没有骨头，当他的朋友抓紧它的时候，手却渐渐地消失了。他评论道，这种怪事确实是有的。还有一次出现的是一个头，他的朋友把一只玻璃管塞进它的嘴里，再通过一根橡皮管连接到生石灰

---

1 这些懂读心术马的故事，“神奇的女士”与犬科精神病专家的故事都可以从 1957 年 8 月的《命运》（*Fate*）杂志上读到（Clark Publishing Company,Illinois）。

水，从嘴里呼出的二氧化碳，在容器内形成了碳酸钙的沉淀物。

晚上，我们在湖边吃了一顿特别美好的晚餐，还喝了一瓶教皇庄园1945年酿造的葡萄酒。露丝把它形容为提前为荣格庆祝生日。我只给了他一些雪茄作为生日礼物。

1957年7月14日

荣格告诉我，多年前，这里还只有一座塔楼，冬天，他过来一个人住了两个星期。这里绝对安静，没有一个人，除了风声和水波声外，没有任何声音。汉斯来帮他做家务，做完就回家了。就在那时，他做了那个值得重视的梦——沃旦的主人从施梅里孔那边走了过来[1]。他说，当你孤身一人，把你的思想都暴露出来，面对无意识的时候，这种事情就会发生。许多人无法忍受长时间的孤独，但孤独却是有价值的。

也就在那个时期，有一天，当他们（荣格和汉斯）

1　这次经历在1357年1月10日的谈话中被提到；荣格把它记录在《记忆、梦和反思》第八章“灯塔”（Chapter Ⅷ, p.217–218）。

正在做饭时，荣格清楚地听见有人叫他的名字——“荣格医生”。他走到门口，那里却没人。他问汉斯，他是否听到过什么声音，他说没有。接着，他和汉斯都听到有人喊他的名字，他们一起跑到门口，还是没有人。汉斯愣住了，他说，他亲耳听到这声音。这种事到现在还无法解释。

喝完茶，荣格从杂志上读到一个吵闹鬼的故事。他说，这类故事有许多已被证实了。他提到一个发生在澳大利亚的故事：石头总是砸向一个少年（这种事总是发生在青少年身上）或掉在他周围。人们把他关进一个帐篷里，十个人在外面观察。石头从帆布帐篷的里面掉了下来，外面的人却什么也没有看到。由于这个孩子感到无比痛苦，便去了另一个地方，然后又去他祖父那里寻求帮助，以便不再引鬼上身，落下石头。

荣格说这种发生在青少年身上的吵闹鬼现象，经常是作为一种解离症出现的，就像那个通灵女孩一样。十四岁到十六岁之间的少男少女们通常是最疯狂最危险的，什么愚蠢的鬼把戏都会做。他自己就曾做过这种傻事。这可能是一种共同具有的倾向，与成长的可能性有关。我问起奥利弗·洛奇（Sir Oliver Lodge）的经历[1]。

1 奥利弗·洛奇爵士（Sir Oliver Lodge），英国物理学家，出生于1851年。

当然，他清楚地知道雷蒙德——他的知识面之广，记忆力之强，真是令人叹为观止。他说，所有一切看起来都非常愚蠢，其中却不无真理，但奥利弗从来没有从心理学角度思考过。

荣格说起，在他妹妹死后的第六星期，他梦见了她。他在一个有点像城堡的地方，要去车站见她。他见到了她，她比荣格高出约一个头。他走在她身边凝视着她。然后，她就把自己的身高变得与荣格一样了，她活着的时候比荣格矮。

他对这个梦没有多做评价或解释。不过他继续谈到他做的关于他父亲的三个梦。他的父亲死于1896年。他是个受过高等教育的人，一个通晓六七种东方语言、希伯来文、阿拉伯文、埃塞俄比亚文等语言的学者。但他荒废了这些学业，沉湎于与他人的闲聊与交谈。在第一个梦里，父亲比荣格高，活着时他比荣格矮。荣格看见他在他的房子里，那里有一个中世纪图书馆，就像大英博物馆阅览室那么大。这意味着智力方面的成长。

他早期的工作包括对闪电以及各种电解现象、电磁波和无线电报的调查研究。1802年获得骑士勋章。1901到1904年担任心灵调查社社长。他的小儿子，雷蒙德死于一战，死后曾通过降神会与他交流，并且把这些经验公开发表。每当许多人失去亲人时，这本书就会备受关注。

荣格再次梦见他的父亲是在 1922 年：他父亲去世二十六年后的 10 月或 11 月。在梦里，他的父亲出现在荣格库斯纳赫特的房间里，比他活着的时候小了许多。荣格以为父亲会告诉他，自从 1896 年他死以后发生的事，并且看看他的妻子和家庭。可是，他父亲来这里似乎是为了向他咨询的，他问起荣格关于婚姻生活的问题（尽管他与荣格母亲的婚姻生活并不成功）。因而，荣格给他上了一堂关于婚姻及家庭问题的课。第二年春天，荣格的母亲去世。似乎他的父亲已经预知了她的死亡，并将再次遇见她，而且为此已经做好了准备。

第三个梦里，他的父亲高了一些——他长高了，比荣格还高。他们在距离阿格拉（Agra）或嘎达普特列（Chataputri）不远处的一个古印度小镇，荣格还是个青少年。对面工棚里的两个年轻工匠的行为举止就像吵闹鬼一样，毫无目的地乱扔木块，发出可怕的声响。这个梦是在二十八年后的 1950 年做的，当时，荣格正在写或准备写《艾翁》[1]。在这个梦里，荣格是个少年。这是一种模仿行为，正如在青少年吵闹鬼故事里一样，其中包含着模仿成分。因而，在通灵女孩昏迷状态时，

1 《荣格全集・艾翁》（CW Vol.9, Part II）。

她的行为就像三十岁妇女那样。

波林根

石头确实代表着远离尘嚣的荣格本人。

左边的圆形塔楼足最先建好的：这是个大厨房，楼上有三个房间。

塔楼里没有电灯，只有油灯，煮饭用的是平炉和油炉。水是由门厅里的水泵供的，下面是一个大石盆，上面有许多石雕。走廊的墙上有两个小孔，一个能看到通向房子的小径，另一个可以看到前门的小径。

早饭在八点半左右，我们坐在外面的阴凉下吃，下雨的话就在厨房。早饭后我们可能会坐下来阅读或交流。露丝和汉斯洗碗（或露丝和我），荣格不干这种活。他已经写完了关于飞碟的文章，现在不得不写一篇关于良心的小论文，一个提不起他兴致的主题。但是他说，人们对它感兴趣，并赋予它太多的意义。我提到爱尔兰的罗马天主教主教布道时说，人们不应该遵循他们的良心，而应该遵守教会的话。他说，这会使人获得安全感，这样他们就不用再思考了。

晚饭后的傍晚，我们或坐在外面，或坐在庭院走廊煤油灯下读书。荣格读报的范围涉猎甚广。下雨的时候，我们就坐在第二座塔楼底层的小房间。后面的大壁炉几乎占据了一整面墙，圆形休息室的周围，是贴着瓷砖的石凳，上面放着一些垫子，空间很小。有两个晚上，我们（荣格、露丝和我）的椅子紧紧挨在一起，就着一盏从天花板上垂下的老式煤油灯看书。今天晚上，我们也是如此。多么古怪的场景啊！要是那些荣格的读者能够看到这里的荣格，该有多好啊！他穿着衬衣、一件旧套衫和长筒袜（上面有破洞！）。好多菜就是在这里做的。比如说，今天晚上，荣格坐在一张小椅子［特辛（Tessin）制造］上，埋头做了一顿可口的晚饭。他确实对烹饪的每个细节都非常挑剔。我们切好猪肉，他用面粉、水和一杯葡萄酒做成佐料。然后在桌上把大蒜切碎，用一把木勺把佐料、盐、胡椒（我想是）和大蒜搅拌在一起，做成沙拉。接着我们吃了一些梅子汤（梅子来自库斯纳赫特花园）和一些樱桃白兰地。味道好极了。随后走进了我们现在坐着的塔楼底楼。

第二座塔楼是从第二层开始建的，这个房间完全是整个建筑第二阶段的扩建部分。接着才有塔的上半部，然后是围墙，然后是庭院里的凉亭，然后是 1957 年最后建成的顶楼。

1957 年 7 月 15 日

这天午休之后，荣格花了一个半小时劈柴。这根漂木是汉斯（和我）从湖里捞出来的。他不可思议的敏捷，用力挥舞着砍刀。然后他和我把柴火搭成瑞士地图的形状。之后我们在荣格已生起火的庭院凉亭里吃饭。眼下，露丝在房间忙活，我和荣格坐在凉亭，他一边抽着我作为生日礼物送给他的雪茄，一边像往常一样读报，我写着笔记。这天下午，露丝和汉斯划着船，花了很长时间清理长在湖面下及塔楼前的杂草和芦苇。

露丝每天都用面包喂水鸭，多么可爱的小鸟啊！爸爸，妈妈和两只幼鸭。有时候，偶尔也会出现天鹅一家：三只小天鹅要么跟着爸爸，要么跟着妈妈，或者跟爸爸妈妈一起出现。

还有一天，汉斯和我花了约两个小时用滑轮把一大堆煤砖吊上最新增加的塔楼顶的阁楼。

后来，与荣格交谈。我问他，早期与父母在一起的经历是否是他对心理学产生兴趣的原因。他说，他认为没有。父亲对他的宗教教诲是模糊不清的，而在某种程度上，在他还是个孩子时，他就认为宗教是非常不真实的；母亲从不谈论宗教的事，她总是回避他的问题，将它们搁置一边。他继续说道，在他早年间，他从他老师那里没有学到任何影响他自己思想发展的东西。这些东西都是从他头脑中自己产生的。从六岁那年起，他的父亲就教他拉丁文，他为此终身感激。

他说，与弗洛伊德决裂后，他感到某种对生活意义的强烈需求。他可以看到，过去的人依靠神话生活，也就是说，他们有着赋予生活意义的某种中心思想。然而，他问自己，他依靠什么神话，什么中心思想生活呢？他什么都没有。过去，他曾就基督教问过他父亲，父亲无法回答他的问题；只是说，“噢，你想得太多了！你只要相信就是！”“然而，”荣格回答，“我这样做了，但我怎么能够停止思考？怎么能够仅仅只是相信呢？”但他从不回答。在与弗洛伊德决裂之后的一段时期内，这个问题成了他的真正难以回答的问题，有三年的时间，他什么都不写，也不做科学研究，只依靠自己的心理学和信仰来试图（成功地）理解这一切。

当人们谈起个人救世主的时候，他无法理解这些人在说什么。上帝怎么能让他的儿子钉死在十字架上呢？任何父亲都不会同意这么做，然而，上帝却要求他的儿子必须去做。《新约圣经》中的各种暗示给他提供了《旧约》和《新约》之间的连贯性线索：一个是不公正管家的故事，另一个是耶稣诅咒不开花的无花果树的事实。当他还是个孩子时，人们就让他去爱耶稣，他是为我们赎罪而死的，但他无法想象用什么样的个人方式才能接触到这种形象的耶稣。为什么他的死应该这么重要呢？为什么必须要用这种方式安慰上帝呢？

我问荣格，他发现了什么样的神话——对他来说，是什么样的中心思想赋予了生活的意义？他立即答道，“噢，是集体无意识。”

1957 年 7 月 16 日

早饭时谈到弗洛伊德，他说，欧内斯特·琼斯[1]瞎写道，弗洛伊德曾对他自己做过个人分析。这是不可能的，因为任何自我分析的尝试都只能是主观的，他绝不可能超越自己，超然地进行自我分析。在分析时，绝对需要来自他人的看法。

弗洛伊德神话在于他拥有“创始人”的地位，因而容易疑神疑鬼，他怀疑荣格想取代他。但荣格说，他第一次接触弗洛伊德是由于他在临床上证实了弗洛伊德的

1 欧内斯特·琼斯，《西格蒙德·弗洛伊德：生活与作品》“自我分析”（Vol, I,Chapter XIV, 'Self-Analysis'）（Hogarth Press, 1957）。

压抑理论，而这意味着他将放弃自己前程远大的学术生涯。有两个教授曾写信警告他，把自己的命运与弗洛伊德捆绑在一起，将会带来职业上的毁灭。但是，对于真理的渴望——去发现大脑究竟是怎么回事，驱使荣格不得不这么做。随着时间的推移，他认识到，弗洛伊德的路子是固定的，任何与他的理论不相符的思想都会被他排除在外。

1909 年，当他们一起出访纽约时，他们曾互相分析了对方的一些梦。弗洛伊德对一些梦境拒绝联想；他犹豫了一会儿，然后说："不，我不能拿我的权威去冒险。"在那一刻，他自然失去了他的权威。[1] 而荣格的问题令他感到震惊，他的所做所为也改变了他对他的态度。弗洛伊德曾对他说，不必在乎患者的看法，他们无关紧要。"真是奇谈怪论，我们正是从我们的患者那里学到东西的！"荣格回答道。他继续对我说，事实上，弗洛伊德是个很好的感情型的人，他通过善待病人来治疗他们。

1 这件事在贝纳特所著的《荣格》扩充版，"荣格与弗洛伊德：相遇与道别"的章节中做过叙述（p.39-40）。

1959年春

1959年3月20日　库斯纳赫特

下午两点二十分到达中央火车站，见到露丝·贝利和穆勒（荣格的司机），然后驱车前往库斯纳赫特。在走廊上喝茶。荣格状态良好，看上去很健康。他愉悦地欣赏着驶来的挖泥船，显然是斯特兰德巴德浴场（Strandbad）来挖泥的。

喝完茶，他去看一个病人，我去拜访芭芭拉·汉娜。回到西斯特拉斯街，晚饭前，荣格、露丝和我在花园散步，观赏两棵木兰树，其中一棵是去年种的。然后，我们穿过花园来到湖边。我问起钉在避暑别墅上的那个十字架是哪里的，他说是从教堂墓地拿来的。

晚饭时，我们兴趣盎然地闲聊。荣格为疗程已经结束，只有一两个病人要看而感到高兴。我提起我们曾在圣加仑（St. Gallen）遇到的告诉我们河水正在泛滥的那个人，并且他（荣格）还评论过“这种外向型的人是非常有用的”，他开怀大笑起来。

后来，我们去了楼上书房。他说，他已经“像以往一样”，为我安排好一把写字台灯下的椅子。他靠窗坐着，抽着雪茄看报纸，还递给我一根雪茄。他的写字台上有一个我之前见过的东西，那是印度精神病学社送给他的，上面刻着一朵盛开的莲花。几年前，他们还送给他了一条棉质腰布，他兴致勃勃地费了好大的劲才把它裹上。桌上还有一尊金属佛像。

主书房的另一个特点是，有一个很大的铺着绿瓷砖的瑞士炉，由于放得恰到好处，使它看起来就像一个装饰品。这种炉子生火很容易，节约燃料，通常是烧木柴的。在我坐椅背后，是炼金术方面的书——一套了不起的藏书。

荣格看完报纸后，就跷着脚坐在另一把椅子上，在膝盖上的木板上玩起了单人纸牌。我们安静地坐着，无比祥和。夜里，他喜欢安静，好让他的大脑放松，舒展。

1959 年 3 月 21 日

早餐后，荣格和我坐在阳光下的花园里，他读着我写的引言和第二章的部分章节[1]，读的时候做了一些评注。他父亲是路德教的，但属于巴塞尔的归正会。日内瓦［加尔文（Calvin）］和苏黎世［茨温利（Zwingli）］是有区别的：后者非常理性，接受圣餐时使用的是木容器，没有装饰品，而巴塞尔却有更多的仪式，或说，更为古老的样式。

看到我笔记中，写他童年时梦见地下室时，他说，这个梦对他产生了重大的影响[2]：

一条带子般的红地毯通向一个台子，台上是一个很大的黄金宝座。他说，宝座上立着一个东西，他认为是个树干，大约是他身高的四倍（十二到十五英尺）。他用铅笔在我手稿上做了相应的修改。它长着一只像地下神一样的眼睛。“看啊，他就是个食人者！”当从外面传来母亲的声音时，加剧了这个幽灵带给他的恐惧。

1 贝纳特著：《荣格》（1961）。

2 同上，p.10。荣格著：《记忆、梦和反思》“早年生活”（Chapter I, p.26）。

他告诉我，他一直在写他人生第一个二十五年的自传，至于是否出版，他犹豫不决，因为很容易被人误解，并且，还会打扰许多依赖他的人。他说，就在两年前，正当他写自传时，他突然把早年的三个插曲联系了起来，即梦见洞穴、牧师和葬礼。[1] 他经常看到葬礼，因为教堂的墓地就在他家房子的附近，只有在这种仪式中，男人们才会戴着高帽子，穿上锃亮的皮鞋和黑衣服。在他的头脑里，他把梦里的洞穴与坟墓（就像坟墓中的耶稣）和牧师联系在一起了。而他曾认为这个牧师是个女人。多年来，这些经历都是“意识的孤岛”，现在他第一次看到了它们之间的联系。

当他还是个小小孩时，他就被教会了去祈祷：让耶稣照顾这只小鸡（他自己）、保佑他平安，并把他放在耶稣的翅膀下。在小鸡与小蛋糕的概念之间，存在着某种联系，但上帝不吃蛋糕，而魔鬼却会吃掉所有这种样子的蛋糕。[2] 所有这些思考都成了他的秘密，因为他认

---

1 荣格著《记忆、梦和反思》（p.25ff）。

2 同上，p.24。

展开你的翅膀，温柔的主耶稣，
咽下你的小鸡、咽下你的孩子，
“如果撒旦要来吞噬它
也就无计可施”
让天使这样唱吧！

为，他的父母不知道这些事，也无法理解它们。这些想法使他因此疏远了他们。他把他母亲在梦中洞穴里说的话（“那是个食人者”）与牧师联系在一起。那是绝对恐怖的。许多年过去后，他在一个在巴塞尔做的梦里发现，他必须接受这种奇怪的观念：上帝对待教会很无礼。[1]

科学家会如何思考这些问题呢？对他来说，这些东西给他留下了深刻的印象，也是他成长的源泉。

下午，我们花了半个小时开车去波林根，有荣格、露丝和我。在温暖的阳光照耀下，塔楼展现出它最美丽的一面，我们在周围散步。荣格带我去看靠近船房边的小路尽头他雕刻的阿提斯（Attis）。石雕是一根小柱子，上面刻着“致阿提斯”。它被放在一丛野生海葵花的中心，荣格说，这是阿提斯之花。他说阿提斯是古代最美丽的故事之一，可以与阿波罗和狄蜜特的故事媲美。他塔楼的墙上，刻了一个下跪妇女的新雕像，他说那是阿提斯的妈妈。

当我们到那里时，荣格在小溪旁坐了很久，这是一

在德语中，小鸡和小蛋糕是有联系的；德语 kuchlein 一词，既指小鸡也代表小蛋糕。

1 同前，“学生时代”，p.47。

条发源于两股泉水，最终流向湖泊的小溪。他有个弯曲的小铲子，他说是牧羊人用的，他用一根皮带把它固定在马球杆的末端。杆子很长，他坐在溪边，用铲子清理河道，以免湖水漫滤出来。我问他为什么干这种活，他说他发现这样可以让他放松，令他的大脑活跃，他喜欢待在使人联想到生命和思想流动的活水边。露丝说，湖水浅的时候，他常常这么做，就像现在这样。当冰雪消融、湖水高涨时，小溪里的水常常会漫流而出。当荣格用这种方式陷入沉思时，他看起来是那么安静和孤独。他从来不觉得独处有什么不好。

1959 年 3 月 22 日

我们开车去察看展销会的预定地，展销会不是在湖的这边举办，就是在湖的那边举办，两边用正在建造中的缆车连接。荣格想去看，我们就到处走走。他对这种事非常感兴趣，对老建筑和老房子也感兴趣。

从展销会的选址点，我们开车奔向希尔河谷（Sihl Vallay），和前来与我们会合的穆勒一起喝咖啡，然后经阿尔卑斯隧道回家。荣格兴致勃勃地看着周围的自然风光：树林、小拖勒湖和苏黎世的各种风光。回家后，我们在花园里散步，他观赏着每棵树每朵花。

我问他，是否见过詹姆斯·乔伊斯[1]，他说见过。他评价道，《尤利西斯》在那个时代是一部杰作。他特别提到一张纸从河漂到海里的细节，这个细节他曾在他评论《尤利西斯》[2]时引用过。

喝完茶，荣格和我坐在围墙后的前花园里。我问了一些关于他类型理论的起源和发展的问题。后来他谈到亲属力比多，人与人之间的自然纽带。为了避免孤独，找到类似的兴趣和认同感，人们需要这种联接。

1959 年 3 月 23 日

荣格让我去读俄国巴斯特纳克（Pasternak）的长篇

1 [编注]詹姆斯·乔伊斯（James Joyce, 1882–1941），爱尔兰作家和诗人，二十世纪最重要的作家之一。代表作包括短篇小说集《都柏林人》、长篇小说《一个青年艺术家的画像》《尤利西斯》以及《芬尼根的守灵夜》。

2 在《荣格全集·人·艺术和文学中的精神·尤利西斯：一段独白》（*The Spiritin Man, Art and Literature*, CW Vol.15, V, 'Ulysses': A Monologue, para.186）里，荣格引用道："以利亚这叶小舟，像被揉成一团丢掉的轻飘飘的传单，向东航行，沿着一艘艘海轮和拖网渔船的侧腹驶去。它从群岛般的软木浮子当中穿行，将新瓦平街甩在后面，经过本森渡口，并擦过从布里奇沃特运砖来的罗斯韦恩号三桅纵帆船。"（萧乾、文洁若 译）

小说《齐瓦格医生》（*Dr.Zhivago*）。这本书里刻画了一个有趣的阿尼玛形象。“你不知道她是谁，她相当不真实，她太好了不像是真的。你会觉得哪儿有点不对劲。”晚上在书房，他对露丝说，“如果你想知道阿尼玛是什么，就必须要读这本书！”《齐瓦格医生》里的阿尼玛绝对是个典型，就连巴斯特纳克自己也不知道她是什么。

晚饭前，荣格、露丝和我去奥桑达码头旁边的小公园散步。他不久前刚刚见到一个法国教授，他非常关心拿撒勒耶稣的生活真相，也就是历史上的耶稣。这个人清楚地知道各种不同的版本，怀疑其中的真相。荣格对他讲了他与英国协会成员在印度的经历，又把对他说的话对我们重复了一遍：他们在靠近大吉岭的地方爬上信号山一个著名的看日落的地方。他们非常幸运，把甘城章嘉峰（Kanchenjunga）看得一清二楚，这是极为罕见的，因为高山上经常云雾缭绕。信号山上有一堆石头，红色的氧化铅使它们呈现出淡红色，上面是伊斯兰教徒们泼上去的酥油。红色代表血。那里还竖着许多高高的竹竿，“就像电线杆那么高”，他指着路边的一根电线杆说。竹竿上挂满印着马的小旗（一种非常特殊的马，但我无法根据他的描述想象它的样子），因为自从很久以前出现穆罕默德后，许许多多个世纪以来，这里一直是圣地。[1] 这是个不可思议的幽谷奇观，过了一会儿，蓝紫色天空出现了绚丽的火烧般的日落。每个人都出神地凝视着这一幕惊人的画面，英国协会的一个会员发出低声的“噢！”——一种不由自主发出的敬畏的惊叹声。荣格对他说，“你怎么啦？像你这样情不自禁地发出的惊叹声已经被人重复过无数个世纪了，难道你不知道吗！”那里有许多人，剑桥的英文教授巴克（Barker）说：“那么，荣格，你肯定知道《浮士德》里关于日落的名句啰！”荣格当然知道，并背诵了它。[2] 他说，那

1 很久以前，这匹马是被雅利安侵略者带到印度的，在这块有着古老而神圣传统的地方，几乎可以肯定地说，挂在树上的旗子上的马与作为献祭的动物有关。在《奥义书》（*Upanishads*）的教诲里，献祭的马具有宇宙性的意义。通过它，就能超越人类而达到一种新的境界。见《荣格全集·转换的象征》“牺牲”（CWVol 5, Part2, Ⅷ, The sacritice, prars 657–658）。

2 歌德著：《浮士德》第一部。场景：城门外（钱春绮译）。
浮士德：
谁能从这迷惘的海中
抱有出头的希望，真是幸福！
我们不知者，正合我们所用，
我们所知者，却没有用处。
可是何必用这种郁闷的谈话
破坏眼前这个时刻的娇媚！
你瞧，在夕阳掩映之下，
绿裹的农家蓬荜生辉。
太阳隐退了，一天就此告终，

是一段令人印象深刻的、极不科学的对日落的描述。就像以前那样，长时间的散步后，我们都会坐一会儿。当我们坐在码头边的小棚屋时，荣格又给我们重复了歌德

她奔向彼方，开拓新的生涯。
啊，但愿我能插翅高飞凌空，
永远不停地追随着她！
看我脚下静静的人世
熠熠辉映着永恒的斜阳，
群山发出红光，溪谷一片安谧，
银色的小溪流入金色的大江。
那时，藏有无数深谷的荒山，
不会成为我的仙游的障碍，
而那拥有暖波的港湾的人海，
展开在我惊异的眼前。
但太阳女神好像终于退位：
新的冲动将我召唤，
我急忙追去，吸她永恒的光辉，
我的前面是白昼，背后是夜晚，
头上是太空，脚下是一片海波。
一场好梦！女神却忽而消逝。
唉！我们精神的翅膀真不容易
获得一种肉体翅膀的合作。
可是，这是人人的生性，
他的感情总想高飞远扬，
只要看到云雀没入青云，
在我们上空嘹亮地歌唱；
看到苍鹰把羽翼张开，
翱翔在高耸的枞树顶上，
看到灰鹤越过平野，
越过大湖而飞返故乡。

的这段诗句。“但是，”荣格接着对我们说，“信号山的日落却是一个活着的神话，因为，据说被太阳点燃的山是毗湿奴的妻子，而正是神话赋予了故事和经验的意义。这就是神话。”

他说起有个英国圣公会牧师来见他，愚蠢地说“努力获得真理”，好像说，能够理解的才是真理，不能理解的就不是真理似的。

晚上，我们坐在书房时，他让露丝给我看一个意大利人写的论文里的飞碟照片。他从一个意大利人那里拿到这篇论文，此人 1952 年拍到了飞碟，结果被他所在的摄影俱乐部赶了出来，因为他们认为照片是伪造的，直到最近才被人们所接受。荣格认识一个瑞士南部的女士，她在一个观察记录 UFO 的机构担任秘书，她寄给了他一些报道。他给我看了其中一张照片，这是一张典型的 UFO 的照片。他在照片的背面写着：这张照片是由一个加州牧师十八岁的女儿拍下的。因而荣格继续写道：她把她的摄影机放在树杈上拍了一段时间，底片洗出来后才发现照片上有飞碟。显然，她并没有亲眼看到过飞碟。

1959年3月24日

早上，我们开车去库斯纳赫特上面的高地，坐在太阳下喝咖啡。

回来后，荣格和我坐在前花园。我问起，欧内斯特·琼斯说他早年拜访弗洛伊德时，他（荣格）在那里曾演示了吵闹鬼现象。[1]他说，这纯粹是胡说八道。他知道这话是弗洛伊德说的。故事的蓝本是这样的：他们第一次交谈就持续了十三个小时，但在谈话结束时，他对弗洛伊德感到失望。因为，他们所有的谈话都局限于弗洛伊德固执地用性的术语来解释一切。荣格一直满心期待着见到弗洛伊德，与他交谈，直到谈话结束时，荣格仍然心有不甘。突然，从弗洛伊德头上的书橱那里传来一声巨响，这种可怕的声音就像木头正在裂开，整个书橱都要倒下来一样。弗洛伊德惊恐地抬头看，荣格问："你怎样看待这种事？"荣格马上意识到，这是一种心灵状态的体外表达，并且还会发生，尽管他不知道为什么，但他还是对弗洛伊德说："还会再来的，"话音刚落，巨响又发生了。弗洛伊德吓呆了，尽管他什

1 欧内斯特·琼斯，《西格蒙德·弗洛伊德：生平与作品》"神秘主义"（Vol. Ⅲ，Chapter XIV, 'Occultism', p.411）。

么事也没，努力装出若无其事的样子。这是一声真正的巨响，而且荣格当时也对他说了，这是非常有意义的。他们检查了书橱，看不出什么异常。荣格经历过类似的事情，他把它们称为体外效应，并把这种具有外化作用的灵异事件单独列为通灵学中的一项。这种外化作用就像情结会投射到外在对象身上一样。爆裂声对弗洛伊德的影响是非比寻常的，但他从来没有试图去解释它们。“在测字联想实验中”荣格说：“如果我从来不问为什么，我就永远不会发现情结。但弗洛伊德却把这些东西搁置一边。现在弗莱堡成立了超心理学学院，连主管都来向我咨询。”同样的事也发生在尤金·布雷勒身上。当荣格向他提起超心理学现象时，他说这都是胡说八道，但二十年以后，他却成了一个灵性论者，并有了许多这方面的经验。荣格把书橱发出的声响描述为非因果关系的共时性事件，它无法被解释，但确实发生了。这给了他一种古怪的感觉：“当心！——或许我们之间有裂痕。”

我们继续谈论梦，我提到自己对做梦的看法，以及我要写的主要临床材料，他认为这个写作计划非常好。说起梦，他说，我们必须始终追问：“这是谁的梦？”梦永远是一种个人的东西，我们不能一概而论。我们已经有了一些指导思想，但还没有形成定律。对弗洛伊德来说，所有的梦都是愿望的满足，他把梦看作是对我们睡眠的保护，而荣格则认为，大部分的梦破坏了我们的睡眠。

他聊了一会儿劳夫。他以前的家就在莱茵瀑布的上面。到喝茶时间，尼修斯女士来了，问起我的书。我告诉她，荣格说他自己已经写了不少自传了（我想起一两年前，他曾说过，写他的生平不容易，或许正是这个原因促使他自己去写）。她说，嘉芙女士打算出版荣格已写好的部分。我给她看了我的前言。她说，我的角度与嘉芙女士非常不同，并催促我继续写下去。她说，我的作品更有男子汉气概，即使还有人准备写荣格的传记，也不会妨碍我继续写下去。荣格已经看过前面的部分，他也认为写得很好，角度正确。

1959年秋

1959年9月14日，波林根

早饭后与荣格交谈。他谈到水瓶座以及赫鲁晓夫访美的意义。他认为，赫鲁晓夫因为中国而寝食难安，苏联有两亿人口，夹在东西方之间，而中国有六亿人口。中国并非对他言听计从，他把中国视作威胁。

荣格对苏联撞击月球非常感兴趣，把我们带来的英文报纸的每个细节都读了一遍。他后来提到，一份瑞士报纸说，苏联撞击月球的事实无法证实——所谓撞击月球可能是探测器在那一刻的信息中断了。他认为，不可能跟踪到导弹的全部过程。

1959年9月15日

荣格说起欧内斯特·琼斯以及他写的弗洛伊德传记中的错误。他说，琼斯始终都只是个弗洛伊德的追随者，他没有增加过任何原创性思想。当琼斯写弗洛伊德这本书时，他从来没有就荣格与弗洛伊德早期一起工作的任何事问过荣格。随着弗洛伊德和费伦茨（Ferenczi）的去世，荣格成了唯一可以给他提供准确信息的人，琼斯本来是很容易做到这一点的。现在琼斯不在了，他的这本书里留下了大量的谬误。

晚餐时，谈到他孙女婚宴后的婚礼蛋糕，他说："你瞧，古风犹存。"婚礼蛋糕是个曼陀罗。因为那天晚上，新娘和新郎是一对高贵的夫妻，是国王和皇后，要主持整场宴会。这是个象征，它属于生活。

1959年9月16日

荣格说，他喜欢早餐时慢慢享用咖啡——然后从容不迫地开始一天的生活。"omnis festination a parte diabolic est"，他引用了一段拉丁文："只有魔鬼匆匆忙忙。"这是一句古老的炼金术格言。

我又问起塔楼那边的石头上刻着的墨丘利面孔。他说："当我写到共时性中的统计学部分时，我的文思被可怕地堵塞了。接着，我看到石头里有一张脸，就扔下手稿，拿起工具凿了起来。它就是淘气的墨丘利。"他继续说，"炼金术士们都熟悉这种一筹莫展，当提到墨丘利时，常把他当成淘气鬼。"

1959 年 9 月 18 日

我问荣格，弗洛伊德怎么会认为他是个反犹主义者呢？他说，他对弗洛伊德说话就像对朋友一样随意，弗洛伊德看不起他在维也纳的犹太同事。当荣格第一次去维也纳时，他亲身感受到，弗洛伊德那个圈子里的人毫无魅力可言。那时候，瑞士的犹太人还很少，也没有反犹主义者，他从来就不是一个反犹者。

他感到，弗洛伊德只采纳了其中的一个本能或驱动力，就想用这些术语来解释一切。后来他认为性的概念太狭窄了，还存在着其他许多强烈的欲望，例如说，吃东西就很重要。

荣格所说的力比多概念指的是精神能量。为了对事实做出更好的解释，他让弗洛伊德拓展他的概念。能量概念（不是理论）是非常宽泛的：在许多方面，能量比性更为明显，因而，就像能量在物理学中的使用一样，比弗洛伊德所认为的更加宽泛。类型学描述的就是能量的特殊表现。

柏格森所使用的术语，生命力，也还是太狭隘了。活力是什么呢？荣格说，它不过就是能量而已，为什么不把它就叫做能量呢？柏格森把这个术语作为精神能量的特例来使用。不过，能量这个术语本身也不是绝对精确的，我们不知道能量是什么，它是一种抽象的概念。他自己的精神能量概念只是个概念，而不是理论。

能量是不可逆转的，是向量，能量的目标就是没有能量，即熵。橡树的目标就是成为一棵橡树，它只能向着一个方向，从下往上生长。

1959 年 9 月 19 日

我们离开波林根，又住在施梅里孔的百德酒店。

1959 年 9 月 23 日

荣格和露丝来百德酒店吃晚饭。他说，他想起了塞弗（Seif）。当弗洛伊德不省人事的时候，他就在慕尼黑（塞弗自己也告诉过我）。我问是否真的像欧内斯特·琼斯说的那样，塞弗站在荣格一边。[1] 荣格说，根本没有这回事，塞弗站在阿德勒一边。（我在伦敦阿德勒学派大会上见到过塞弗。）

1959 年 9 月 26 日

波林根。喝过下午茶后，坐在院子里聊天。

我问到，基督教对欧洲非基督教徒，比如说，对犹太人的影响。他曾在《艾翁》里提到过基督教传统不可避免 [2] 地对人们产生的影响。他说，这种影响在犹太人那里，可以说是一种平行影响，因为在卡巴拉（Cabbla）

---

1 欧内斯特·琼斯著《西格蒙德·弗洛伊德：生平与作品》“国际精神分析协会”（Vol.II, Chapter Ⅲ, 'The International Psycho-Analytical Association', p.97）（Hogarth Press 1957）。

2 《荣格全集·艾翁：自性现象的研究》（CW Vol.9, Part II, para, 283）：“我试图……表明，经过许多个世纪，基督形象已经融合进了心灵的母体。假如在救世主形象与确定的无意识内容之间不存在……一种亲密关系的话，那么，人类心灵将永远不会感受到基督的光辉，并被其牢牢地吸引。在这里，将两者连接起来的是上帝一人的原型。一方面，这种原型通过基督形象已经成为历史现实，另一方面，它成为了一种无时无刻的存在，通过总体的超越性，即自性，统治着人的灵魂。就像左西莫斯（Zosimos）幻象中的神父那样：上帝一人不仅是‘心灵的主宰者’，同时，它也‘主宰着（邪恶）的心灵’——这正是基督教中 Kyrios（主）的基本含义。”

中提到过类似的东西，在某种程度上，犹太人就生活在基督教传统中。

不过，当然了，也不是到处都流行基督教，基督教也有各种各样的基督徒。圣保罗的老师，甘梅利尔（Gamaliel）就是一个著名的卡巴拉主义者。他还说道，基督教的第一个千年（或一千多年）是相当和谐的，基督教也对各种各样的基督徒或团体都能够兼容并包。接下来，约在公元 1100 年时，出现了许多派别。这是一个知识（即精神）的横向和纵向传播时期。他说，他曾在《艾翁》中提到过，双鱼座（他在发 pises 的音时，“c”的发音很重，成了 piskes）就像这样：这个星座用一条垂直的鱼和一条水平的鱼来表示，两条鱼朝向相反的方向。[1] 正如近两千年前，由阿拉伯[2] 占星术士们所预言的那样，现在我们正在进入双鱼座世纪的末期。前基

---

1 同前（Para.147）：“……鱼所获得的极性，或许是由于（当时）天文星座的实际状况造成的：第一条鱼（北边的）呈垂直方向，第二条鱼（南边的）呈水平方向。两条鱼几乎呈直角移向对方，因而形成了十字架。在基督教时代，非常强调这种反向运动，而我们对大多数最古老的起源都不清楚……”

2 阿尔布马扎（Albumasar,805–885）。阿拉伯占星家和天文学家，其主要作品于十五世纪末、十六世纪初在奥格斯堡和威尼斯出版。在《艾翁》的“鱼的象征”和“占卜者预言”章节中，荣格引用了他的作品。

督教时期是白羊座时代。

我问起《艾翁》[1]扉页上的那幅画，他说，这幅画就代表着艾翁，即纪元。它是密特拉教的神，我们对这类画并不陌生。在密特拉教的寺庙中，神就是这样的。蛇代表着永无尽头时间。而阿尔勒（Arles）明信片上的艾翁是另一种样子，这个艾翁是没有头的，与十二星座在一起。他说，实际上我们并没有文字记录的密特拉教历史。

我问起心理学的未来。对此，他无法做出预言，但可以想象，它拓展至生物化学和生理学领域。也有可能，我们辛辛苦苦获得的心理学知识，以及心灵及类似的知识将会被埋葬五百年，就像凤凰涅槃一样。

荣格正在读一本神学杂志上批评他的文章，我想，这应该是捷克斯洛伐克的一本杂志。他接着说道，神学家们似乎看不懂他在说什么，其实非常简单。他们责怪他闯进了神学，就好像神学是他们的私人领地一样，在那个领域，只有他们拥有专门的知识。但我们谁都不具备这种绝对的知识。他们要“真实”的东西，就像人们嘲笑神话说的东西不真实一样。他对建立绝对的真理

1 这张照片上的罗马塑像，是第二或第三世纪的密特拉神的艾翁，收藏于罗马梵蒂冈博物馆。该神代表着创造与时间的性质。

不感兴趣，他的兴趣在于观察事实。而神话学之所以有趣，就在于神话不断地被人重复，这是事实，并且非常重要。讨论神话是否真实，纯属浪费时间。他不认为神话是痴人说梦。神话常常包含着“一语中的”的事实知识，因而不断被人重复讲述，不断更新形式。这类事情是重要的，因为它们就是事实。我们可以拥有关于上帝的观念，但我们无法回答这些观念是“真实”与否，或是否绝对。他说，因为他说了些“反基督徒”或“反神学”，诸如驳斥善的缺乏[1]的话，而不断受到批评。

我问起分裂的力比多，他指的是能量力的双重性导致的不可避免的分裂。至于能量是向内流动还是向外流动，只不过是能量的不同表现而已。而能量是向量，朝着一个方向流动，它的本性如此——它依靠这种流动做

1 罗马天主教“善的缺乏”教义最初是由奥金利（Origen, 185–254）提出的。他把上帝定义为至善，他所描述的恶，是随着善的缺乏而出现的。这个教义在最初的几个世纪里，逐渐得到确立，奥古斯丁（Augustine）则将它发展到顶峰。荣格通过经验观察认为，善与恶是大小相等，方向相反的，他反对“善的缺乏”这个教义。在《荣格全集·艾翁》第五章“基督：自性的象征”以及“结论”（CW Vol.9, Part II, Chapter V, prats.74–80, 89ff.and paras.426–428）中，荣格详尽地描述了这个问题。在《记忆、梦和反思》第十二章“后期思想”（Chapter Ⅻ, p.303–307），他概述了这种观点。在与维克多·怀特（FatherVictor White）的通信里，尤其是他 1949 年 12 月 31 日写的信（见《荣格：书信集》Vol.I）里，多处间接地提到过这个主题。

功，或你看到了做功的结果。

我问起他房子的象征，尤其是他梦中出现[1]的中世纪房子。“噢，”他说，“在梦里，我们把房子视为我们的壳，我们就住在这个壳里。”因而，梦见中世纪的房子就意味着他就住在里面，就站在这幢美丽的十八世纪的房子二楼。可能他的家人也住在这里，只不过没有看到。后来，当他反思这个梦时，这间房子使他联想到他舅舅在巴塞尔的那座很旧的房子，这幢房子建在镇子的老护城河边，有两个地下室，最下面的那个非常阴暗，像个洞穴。[2]

在梦里，他想知道下面是什么，便走下了台阶。快要到底的时候，出现了一间古老的罗马建筑，房间的石板地面与波林根的一样。其中一块石头上有个环，他提起环想继续往下走，当他提起石板时，灯亮了，他看到下面的骨头、骷髅和旧陶瓷，都非常古老。

在他看来，重要的是不同年代的地层。这就是他如何最终获得集体无意识概念的。

他说，他的梦里经常出现房子。因而在他开始从事炼金术研究前，他梦见了一幢带有两间厢房的房子，这

1　见 1952 年 1 月 16 日的谈话和备注。

2　见 1961 年 1 月 16 日的谈话和备注。

两间厢房对他来说是很新鲜的，他一直不知道这里有两间厢房。[1]他把这个梦解读为，在他自己的心理学研究中，还存在着他尚不了解的东西。这个梦反复地出现，意味着它在强烈地唤起他的注意。在这幢房子他父亲的房间里，有许多装在玻璃器皿中的动物标本，荣格早年对动物学特别感兴趣。他母亲的房间是由一些笼子组成的，看上去就像是为鬼（即大脑里一闪而过的念头）准备的鸟笼。书房里有一些奇妙的古籍，大部分是引人入胜的手稿和古卷本。这些书也让他联想到巴塞尔的老房子，他从那里拿过许多书——其中一本是漂亮的辞典，现在还在波林根的家里。这个梦预兆着他将会沉湎于炼金术。他经常梦见附带着其他房间的房子，这意味着还有许多尚待他发现的东西，它们一直在“他的房间”等待他去发现。

1　见《记忆、梦和反思》第七章“著作”（Chapter VII, p.194）。

1961年冬

1961年1月12日　库斯纳赫特

到达库斯纳赫特。晚饭前与荣格交谈。说起他的童年，他提到早年的一次经历：他看到一个穿着黑色长袍的身影向他走来。他惊恐地意识到，这个身影不是个女人，而是个男人，是一个耶稣会牧师。[1]他说，他父亲对耶稣会的问题很着迷，经常与他的朋友们谈起它。他们以为荣格对此事并不感兴趣，但他却听得非常认真。当他看到这个身影走过来，并意识到这是个男人时，他非常不安，因为他原先认为这是一个女人。十九世纪四十年代，瑞士爆发过一次局部战争。归属罗马天

1　见1959年3月21日的对话，参见p.162注解1。

主教的州与其他地区发生了冲突，他们拉开了战场，甚至动用了大炮。耶稣会士被认为是怀有政治企图的动乱的幕后策划者。战后，他们被禁止在瑞士穿教服或群居，诸如组建社团或建造修道院等等。自那以后，法律也做了相应修改。今天，有个耶稣会神父佩特·鲁丁（Pater Rudin）前来拜访荣格，他是苏黎世耶稣会学院的负责人。荣格说，这个机构是为罗马天主教护教院（Apologetic Institute，编按：直译意为“道歉院”）工作的，离一个小区非常近。

晚饭时，露丝说，使用“道歉（Apologetic）”一词很奇怪，好像罗马天主教在集体道歉一样。荣格说，在德文里，这个词的意思是“礼貌地解释”，根本没有道歉的意思，“道歉”是英文说法，被人普遍地滥用了。

他说，佩特·鲁丁是一个严肃的人，在对待某些问题时，他可能会持一种独立见解。比如说，对待“善的缺乏”就是如此。“善的缺乏”是个愚蠢的观念，意思是，通过思考就能改变行为的性质。比方说，邪恶的谋杀！可是，人已经死了，说得再多也无法改变这个事实。教会只不过对同样的事情提供了不同的说法而已。有些事，比如谋杀，就是邪恶的，再怎么说还是邪恶的。英国法律把自我谋杀（自杀）定为犯罪是明智的，因为自杀往往是谋杀的替代。

接着，谈到《荣格抄本》[1]，他说，这事已讨论过一段时间了。他喜欢诺斯替教，不过认为最好还是不要收藏这个抄本——“我该拿它怎么办呢？它太有价值，不得不放在银行保险柜里。”因此他把它交给了埃及政府，他们感激不已。荣格对基督教出现之前的诺斯替教有着极大的兴趣，因为根据早期的诺斯替教提供的迹象，说明它们已经认识到集体无意识的存在了。

1961年1月13日

早上，我们（荣格、露丝·贝利和我，穆勒开车）到上库斯纳赫特和迈伦看雪。田野银装素裹，但树上的雪已经融化了。我们下车散步，天气相当寒冷。

后来，下午的时候，我和尼修斯女士一起喝茶。她提出了一个有趣的观点：随着她父亲的变老，他的书越来越难读了。因为，他总是根据他的年龄来写作，也就是说，他的思想一直在发展，更年轻的人有时候会发

1　参见“1955年夏”p.076的注解3。

现，很难理解他在说什么。她的这番评论让我想到，有人批评荣格的作品晦涩难懂。其实他的作品未必晦涩，而是他的思想在不断发展，他以不同的眼光看待问题，是从一个老人的角度来写作的。今天早晨我们外出时，他对年轻一代另有一番高见：他们与老年人的不同之处在于，当父母去世后，他们自己就处于时代的前列了，因为这时候，他们前面已经没有人了。

昨晚和今晚，我们坐在都在书房。我问起荣格刻在房门上的题词："vocatus atquc non vocatus deus aderit"——这句格言是伊拉斯谟（Erasmus）用拉丁文翻译过来的德尔菲神谕中的一句话。荣格找出一本小书拿给我看。这是一本羊皮纸包着的，约六英寸乘以三英寸的厚厚的小书。书脊上写着："ErasmiRAdagiorum EPITOME 1563"。里面是密密麻麻的印刷体。作者的生卒年是1466年到1536年，因此这本《摘要》是在他死后出版的。这本小书的第四百三十二页上写着："vocatus atque nonvocatus deus aderit：oraculum olim lacedaemoniis,redittum，abiit，inproverbium"。接下去是荣格用拜占庭草书为我誊写的几行希腊文。

夜晚其余的时候，我们都坐在房间里：荣格跷着脚看书、玩纸牌，露丝在长沙发上读我的手稿，我的椅子紧挨着书桌（就像之前拜访时那样），在黯淡的灯光下写作、读书。

1961年1月14日

早饭时，荣格说起弗洛伊德。他想起他对弗洛伊德曾说过的话："精神分析及其原则是非常有利于患者的，但对分析师并不十分有利。"弗洛伊德的回答令他吃惊："当然不是，完全不是这样的。"他说，弗洛伊德脱下白大褂，回到家里后，就可以把（精神）分析全都抛到九霄云外。他说在弗洛伊德体系中，占据主要地位的是恋母情结，但这种心理不适用于女性——弗洛伊德对俄狄浦斯情结陷得太深了。荣格曾建议他从女性的角度来理解一些心理问题，并提到伊俄卡斯忒。[1]

后来，我又问起伊拉斯谟的书来，并提到古代斯巴达人的引文。"噢，是的，"他说，"斯巴达人准备攻打雅典娜，为战事结果去求德尔菲神谕。"他说，书脊上的话是错误的。他对这句拉丁文（引文见上）解释道："斯巴达人得到的神谕已成了一句格言：'不管

1　在希腊传说中，伊俄卡斯忒是拉伊俄斯的妻子，俄狄浦斯的母亲（也是他后来的妻子）。

你求不求上帝，上帝都会出现。’”人们可以预测未来，但不能强求未来，对于未来将要发生的事，不管我们愿不愿意看到，都是不可避免的命运，比如衰老或者死亡。他提到开战前，还有一个类似于《旧约》中的、古斯巴达人寻求神谕的故事：开战前，也有人询问过上帝。上帝警告道，他有他的愤怒。我想，这正是《何西亚书》中所提到的：上帝把义人塞进他的椅子下，开始杀目击者们。

我们谈起荣誉公民（Ehrenburger）仪式[1]，这让他感到非常高兴。他在委员会里有投票权。他们颁发给他的证书就悬挂在客厅。荣格说，“Ehrenbu rgerrecht”这种称呼是对的；而且，证书里的“C.G.JUNG”是烫金的，“Burgerrechrt”（公民）也是烫金的。

现在，我坐在书房的长沙发上，荣格坐在我右边的椅子上读我的手稿，用铅笔做着眉批和一些修改。

1961 年 1 月 15 日

上午十点，荣格、露丝和我开车离开西斯特拉斯。

1 荣格接受库斯纳赫特村自由奖的授奖仪式。

进入苏黎世后，我们又继续开往巴登（Baden）一座可爱的老镇（非常工业化），然后去迈林根（Meiringen）；然后经过伯伦加登（Bremgarten），最后达到阿尔卑斯隧道。有许多人在从事冬季运动，这是一块很大的地方，有着很好的坡度、长长的跑道，以及滑雪缆车和年轻人喜爱的平底雪橇。天气非常寒冷。这里虽然只有两千五百英尺高，但与下面截然不同。我们从那里返回苏黎世，又继续前往库斯纳克特，正赶上吃午饭。

午饭后，其他人都在午睡，我去了斯特兰德巴德码头。

喝完茶后，我又坐在书房的长沙发上，荣格差不多就坐在我前面的椅子上读我的手稿，在我的一些笔记上写下眉批。要记录下他全部的谈话内容是非常困难的，但我已经尽力了。

晚饭后，露丝继续阅读与她手头工作有关的东西，我坐在书房的书桌旁一直在读赫伯特·里德（Herbert Read）的书：《未知事物的形式》（*The Forms of Things Unknown*）。荣格从头到尾读过这本书，一个章节一个章节地读，希望从中找出他想引用的里德思想，但一个也没找到，只好继续引用别人的话。

1961 年 1 月 16 日

荣格说，伦敦塔是他去伦敦时参观的第一个地方。我问起那里的乌鸦，但他记不起来了。

劳伦斯·范·德·普斯特来吃午饭。荣格说到他最近去过的南非和非洲其他地方。他说荷兰教堂是非基督教的，他回忆到，在他还是个孩子的时候，看到他母亲在一个荷兰归正会教堂，从一个黑人神父手里接过圣餐，在那个教堂里，大家把杯子一个一个传下去。她亲手从左边的一个有色人种那里接过杯子，传给右边的另一个有色人种。而这一切现在都已成为过去。他说起左拉（Zulu）的道别语："您，慢些走。"[1]

晚上，五点半到六点之间，和荣格在书房待着，他读着我的手稿……他母亲在巴塞尔的房子：她没在那里出生，但在那里度过了童年。这幢房子是巴塞尔天主教祭司的，去年他们在修缮房子时，挖开地面后，发现它是建在罗马遗址上的，下面有个地下室，就像他梦见的

---

1 劳伦斯·凡·德·普斯特爵士在这段对话处补充道："我告诉他们，左拉在彼此道别时，使用的文学性语言，翻译出来的意思就是'您，慢些走！'而不是习惯性的'一路平安'。佐拉这么说是因为他相信，所有的魔鬼都来自匆忙之中，如果人能慢慢地度过一生，全部好运都会伴随着他。"

那幢中世纪房子。[1]这极大地勾起了他的兴趣——不管怎么说，房子就在他家。这幢老房子的图片曾印在《巴塞尔日报》上，后来，荣格又把它收录在自己的书《飞碟》[2]里。

露丝给我看了一张荣格今天在"蓝房子"外面阳台上拍的照片，她刚刚问他，我能把它用在我书的首页（我曾告诉她我想这么做）上，荣格同意了。她会去加印一张，让荣格在上面签好字寄给我。

到了晚上，露丝从报纸上读到一篇关于一个布里斯托尔男人的报道：这人骑着摩托车撞到墙上，人被整个抛了起来，落到一匹拴着的马背上，然后在穿越田野的半路上摔了下来，但毫发无损。荣格对此很感兴趣。

1961 年 1 月 17 日

荣格已经读完了我的书。他说，这本书读起来非常

1 见 1952 年 1 月 16 日的谈话，p.047 注解 1。

2 荣格著：《飞碟：天空中的现代神话》（*Flying Saucer: A Modern Myth of Things Seen in the Skies*, p.128），《巴塞尔日报》（Basle Broadsheet, 1566, Figure I）。
也参见《荣格全集·转换时期的文明·飞碟》（CW Vol.10, V）：《巴塞尔日报》第五版转载。

流畅，他高度赞扬它，令人感到满意。

午饭时，荣格说起今天早上刚刚来看他的医生朋友对他讲的一个非同寻常的故事。他告诉荣格，他有一辆“神经兮兮”（搞怪）的车。车是他的，当他妻子开的时候发生了一系列不可思议的车祸，他最后决定把它卖给汽车修理厂。这辆车在最后一次事故中被撞得稀巴烂，汽修厂老板把它修好，然而老板居然在驾驶该辆车时被撞死了！以前，这对夫妇发生过一系列的车祸。比如说，正当他们沿着宽敞的路面开车时，既没有下雨也没有结冰，车子会突然在极为安全的路面上打起滑来。它先是向左滑，接着滑向右边，撞向路灯柱。跟在他们后面的一辆车子停了下来，问他们究竟发生了什么事，因为事故发生得毫无道理，医生和妻子都无法对此做出解释。在到达阿尔卑斯山路之前又发生了同样的事。这次还是他妻子开车，他们跟在几辆军用卡车的后面，与前面的车保持着足够的车距。过了一会儿，前面的卡车停了下来。医生对她妻子大喊，赶紧左转！——她刚好避开大卡车，差一点点就要撞到路边坠毁。荣格说，问题出在他妻子身上，她的阿尼姆斯对她的丈夫产生了负面影响，他唯一的安全线（荣格原话）不起作用了。我认为，这个故事与弗洛伊德和荣格谈话时书橱发出异响的故事非常相似。“是的，”他说，“你说得太对了。”

下午一点二十分，离开西斯特拉斯；两点五十分，我在机场终点站乘上了一辆去克洛腾（Kloten）的班车。车次很多，可以乘任何一辆车到克洛腾候机，就像我现在这样。

这本完成于苏黎世机场的笔记到此就全部结束了。1961年1月的这六天，也成为我丈夫与荣格共同度过的最后岁月。几个月后，6月6日，荣格去世。

——F. E. B.

翻译后记

李毓

从芭达雅到曼谷，再从曼谷到清迈，在泰国漂泊一年半之后，2017 年，在泰国的宋干节（泼水节）即将到来之际，我和一梁终于在泰国清迈有了自己的房子，自己的家。

欣闻我们乔迁新居，又有从事荣格翻译的计划，我们的挚友、成都的罗小刚先生慷慨地打来一笔款项，祝福我们开始全新的安定生活，并作为让我们安心翻译的资助。我与罗小刚是网络认识的朋友，堪称萍水相逢，如此深情厚谊，令一梁和我不胜涕零。如果把荣格翻译工程比作一梁的孩子的话，这个孩子一梁已经怀胎几十年，而罗小刚和我，则是他的助产妇。

罗先生一再表示："非常荣幸，不是以旁观者，而是以参与者的角色涉入到这个有意义的活动中来。"

接着，购置新计算机，购买《荣格全集》等电子书籍，荣格翻译就这样起步了。

我是认识一梁之后才知道荣格，这位瑞士著名的心理学家的。一梁却是荣格的忠实信徒，从年轻时起，就着迷于荣格思想，平时生活中遇到很平常的巧合，甚至一些不算巧合的巧合，他必大惊小怪地脱口而出："Synchronicity！"

他选择的第一本书是一个号称荣格心灵工程师的作品。他以为，作者是美国心理学家，而且是当时的畅销书，翻译起来会容易有趣。但是，翻译了三万字还味同嚼蜡。调门老高，内容空洞，毫无趣味可言，更谈不上对荣格思想的诠释。翻译成了每天的苦差事，一梁断然决定，放弃此书，不再在周边打转，直接从荣格最经典，同时也是最难的《共时性原理》"直击"荣格。

一梁的翻译在我看来有些"小猫钓鱼"的感觉，例如在翻译《共时性原理》的时候，假如遇到啃不动的骨头，就会四处查找辅助材料来读，读着读着，如果感觉更有趣味，索性就放下手头的译本，开始去翻译另一本书。因此，从《共时性原理》开始，就像一棵树干一样，横生出《泡利荣格书信集》《泡利的梦》《X小姐的曼陀罗》《孩子们的梦》等许多枝干，自然也包括本书——贝纳特的《遇见荣格》，以及后来嘉芙的《荣格的最后岁月》和《通向原型的死亡梦》等。

对我来说，《遇见荣格》这本书首先是好看，不像荣格作品那么学术性强，它完全是一本日记，记录了贝纳特与荣格跨度十五年的会面情景："这里所记录下来的贝纳特—荣格谈话录，不仅澄清了许多心理概念和思想，还见证了两个人三十年来感人的友谊，以及他们对人类福祉共同的深切关注。"（见《遇见荣格》）

其次是好译，因为贝纳特是英国作家，记录的又大多是日常场景和谈话，叙事性语言比起艰深难懂的思想来，容易多了。而贝纳特从一个心理医生的角度对荣格思想的诠释，也是帮助我们理解、研究荣格的一把钥匙。

尽管这本书相对简单，但一梁对每一句翻译的要求仍然十分严格："凡是听不懂的，肯定是意思没有吃透。"在合作翻译过程中，我的基本角色是打字员，也是他的第一读者，还是他产品的第一道质量把关人。我每天紧跟他的进度，深入作品的内在思想，如果我都听不懂，大多数的普通读者怎么可能懂呢？

工作中，两个人常常为一个词吵得不可开交，我甚至以罢工相威胁。他讥笑我是"文艺女青年"，喜欢华丽的辞藻和文学性表述，而他则坚持使用最朴素的词语，不能“以文害意”。也就是说，不能用过于文学性的表述遮蔽、伤害或模糊内容本身所要传递的真实、精确和深刻思想，他甚至反对我过多地使用成语。因为中国的成语固然精炼，但由于概括性强，在表达思想时，常常会起到负面效果。他说：“所谓大师，就是用最浅显的话讲出最深奥的问题。”想来也是，流传几百年的脍炙人口的经典诗词，哪个不是大白话？

几经辗转，终于遇到台湾心灵工坊出版社，最终成就了这本书的面世。

虽然，该译本的分量并不是很重，甚至不是荣格自己的作品，在我们已经翻译的译本中，其思想也不算最深刻，但它毕竟是我们第一本荣格系列译本，它所经历的挫败与曲折对我们自己来说，也是非常有意义的。

再次感谢罗小刚先生的慷慨资助；感谢秀萍为我们引荐松岗先生，最终与心灵工坊结缘；感谢心灵工坊所有同仁的青眼；感谢荣格社群所有朋友的殷殷期待；感谢所有可能会喜欢本书的荣格专家或潜在读者。一个孩子如果是在众人的期待与簇拥中降生，那么他注定是幸福的。

写于2019年10月13日，泰国清迈

附录　中西词汇对照

A

Aberdeen 阿伯丁

Agra 阿格拉

Aion 艾翁

Albert Eid 阿尔伯特·伊德

Albumasar（Abu Mashar）阿尔布马扎

Amenophis 阿蒙诺菲斯

Andrca Dykes 安德里亚·戴克斯

Apologetic Institute for Roman Catholic 罗马天主教护教院

Artis Auriferae 《制造黄金的艺术》

Attis 阿提斯

August Forel 奥古斯特·弗雷尔

Aurora ConSUrgens 《曙光乍现》

B

Baden 巴登

Barbara Hannah 芭芭拉・汉娜

Barrie 巴利

Baudouin 鲍德温

Beatrice M. Hinkle 比阿特丽丝 M・欣克尔

200 BelfaSt 贝尔法斯特

Bergson 博格森

Bernheim 伯尔尼海姆

Biritish Medical Journal 《英国医学杂志》

Bremgarten 伯伦加登

B. SubramnyaLyer B・萨布瑞纳・艾耶

Biirgerrecht 公民

Burgholzli 伯格霍兹里

C

C. A. Meier 卡尔·阿尔弗雷德·迈尔

Campbel College 坎贝尔学院

Cerne abbas 塞纳－阿巴斯

Chataputri 喀达普特列

Christina Alberta's Father 《克里斯蒂娜·阿尔伯特的父亲》

Codex Bezae 伯撒抄本

Coleridge 柯勒律治

Cologne 科隆

Corpora Quadrigemina 四叠体

D

Damaskions 达马斯康

Daniel 丹尼尔

D. Cappon D·卡彭

déjà vu 似曾相识

De Resurrectione 《论复活》

De Senectute 《论晚年》

ding an sich 自在之物

Dionysius 狄奥尼修斯

Dorothea Wallis 多萝西娅·沃利斯

Dorset 多赛特郡

Drug Addicction Committee of the B. M. A “毒品上瘾委员会”

E

E. Ashmole 阿什穆尔

Eckhart 艾克哈特

Edward Armstrong Bennet 爱德华·阿姆斯特朗·贝纳特

Einsiedeln 艾因西德伦

Elias Ashmole Esq 伊莱亚斯·阿什穆尔·埃斯克

Elijah 伊莱贾

Emanuel Swcdenborg 伊纽曼·斯维登伯格

Enantiodromia 物极必反

Enoch 《以诺书》

Erasmus 伊拉斯谟

Ernest Harms 欧内斯特·哈姆斯

Ernest Jones 欧内斯特·琼斯

Eugen bleuler 尤金·布雷勒

Evangelium Veritutis 《福音传道》

Eveline Bennet 伊夫林·贝纳特

exteriorised affects 外化作用

Ezekiel 《以西结书》

F

204 Earl Alexander 亚历山大伯爵

Ferenczi 费伦茨

Festschrrft 纪念文集

Frey 弗赖

Fritz Boumann 弗里茨·鲍曼

folie a deux 感应性精神病

Forel 弗雷尔

Fowler Mccormick 福勒·麦考密克

G

Galla Placidia 加拉·普拉西提阿

Gallen 加伦

Gamaliel 甘梅利尔

Geomancy 沙子占卜

Gerald Dorn 杰拉德·多恩

Greifensee 格里芬

Gotthard 戈特哈德

H

Herbert Read 赫伯特·里德

Herbert George Wells 赫伯特·乔治·韦尔斯

Hermann Goring 赫尔曼·戈林

Higher Criticism 《高等批判》

Hoernis 霍尔尼斯

Hosea 《何西亚书》

Hotel Bad 百德旅馆

Hugh Circhton Miller 休・克莱顿・米勒

Hurwitz 赫维茨

Hutten 胡登

Hypnotism Sub-Committee of the British Medical Association 英国医学协会催眠分会

J

Jaffe 嘉芙

James Braid 詹姆斯・布雷德

Jean Martin Charcot 让・马丁・沙可

Jerome 杰罗姆

J. Grifmann J・格里夫曼

Jocasta 伊俄卡斯忒

John Raymond Smythies 约翰·雷蒙德·麦斯西斯

John Wallis 约翰·沃利斯

Jung Codex《荣格抄本》

K

kalahari 喀拉哈里沙漠

Kanchenjunga 甘城章嘉峰

Kegan Paul 凯根·保罗

Kinship Libido 亲属力比多

KLak 克拉克

Kloten 克洛腾

Krafft-Ebing 克拉夫特·艾宾

kublai khan 忽必烈汗

Kusnacht 库斯纳赫特

Kyrios 主

208

L

Lacedaemonians 古代斯巴达人

Laius 拉伊俄斯

Laufe 劳夫

Laurens Van der Post 劳伦斯·凡·德·普斯特

Le Matin 《晨报》

Leopold Stein 利奥波德·斯坦

Leyden 莱顿

Liebeault 利贝尔特

Lord’s Prayer 《主祷文》

Lucerne 卢塞恩

Luther 路德

M

Macdonald 麦克唐纳

Mahdist 马赫迪

Mahommed Ahmed 穆罕默德·艾哈迈德

Marianne Niehus 玛丽安·尼修斯

Marie Louise Von Franz 玛丽—露易丝·冯·法兰兹

Maudsley 莫兹利

Medical Sub-committee of the Archbishop of Canterbury's Commission on Spiritual Healing 精神治疗委员会医学分会

Meiringen 迈林根

Michael Fordham 麦克·福德

Milne Bramwell 米尔恩布拉·姆韦尔

Mithraic 密特拉教

Moffatyard 莫法特·亚德

N

Naaman 纳曼

Nag–Hamadi Gnostic Codex 纳格－哈马地诺斯替抄本

Nancy 南锡

Nath 奈斯

Northwest University Press 西北大学出版社

O

Château–d’Oex 厄堡

Oliver Lodge 奥利弗·洛奇

Origen 奥利金

Orson Welles 奥森·韦尔斯

P

Pater Rudin 佩特·鲁丁

Pentateuch 《摩西五经》

Pierre Janet 皮埃尔·贾内

Pierre Teilhard de Chardin 皮埃尔·泰亚尔·德·夏尔丹

Pilatus 皮拉图斯山

Pilgrimage 《朝圣》

Pope Pius XII 教宗庇护十二世

privatio boni 善的缺乏

Poltergeist 吵闹鬼

Psychology of the Unconscious 《无意识心理学》

Pueblo 普韦布洛

puer aeternus 永恒少年

Purchas 帕切斯

R

Rapperswil 拉珀斯维尔

Rascher 拉舍尔

Raymond 雷蒙德

R. Cysat R·卡赛特

R. F.C. Hull R·F·C·赫尔

Rhine Falls 莱恩·福尔斯

Ridley Hall Cambridge 剑桥瑞德利堂

Riklin 瑞克林

Rockliff 洛克利夫

Rolf Hofer 罗尔夫·霍非

Rorschach 罗夏奇

Routh 劳斯

Royal Bethlem 伯利恒皇家医院

Ruth Bailey 露丝·贝利

S

Salpetiete 萨博特学派

Sanctus 圣三颂

Sargans 萨苷斯

Schaffhausen 沙夫豪森

Schmerikon 施梅里孔

Schmid 施密德

Seestrasse 西斯特拉斯

Self 塞弗

Siegfried 齐格菲

Society of Analytical Asychology 分析心理学社

Stafa 斯塔法

St. Jerome 圣・杰罗姆

Strandbad 斯特兰德巴德

Studien zur Analyischen Psychologie C. G.Jung 《荣格分析心理研究》

sub specie aeternitatis 从永恒的角度看

sunmmum bonum 至善

Sybil 西维尔

Symboks of Transformation 《转化的象征》

Syzygy 朔望

T

Tabula Smaragdina 翠玉录

Wavistock Clinic 塔维斯托克诊所

The Symbolic Life 《象征的生活》

The Haus Schiff in Herrliberg 赫里堡希夫庄园

The Tenth Internatiohal Medical Congress for Psychotherapy 第十届国际心理治疗大会

The World of Mr. CIissold 《克利索尔德先生的世界》

Theatrum Chemicum 《化学剧场》

Thomas Wallis 托马斯 · 沃利斯

Thomas Wallis of Tonbridg 特洛布里治的托马斯·沃利斯

Toni Wolff 托尼 · 沃尔夫

Tractatus Tripartitus ParsI 《逻辑学概论》

Trinity College 三一学院

Turin 都灵

U

Ufenau 乌弗瑙

Upanishads 《奥义书》

Uster 乌斯特

V

Vera Christina Religio 《真正的基督教信仰》

W

Wakdhaus Dolder 都勒大酒店

Walensee 瓦伦湖

Walther Niehus 沃尔特·尼修斯

Wandlungen und Symbole der Libido 《力比多的转化与象征》

Weesen 韦森

Werner Niederer 沃纳·涅德勒

West End Hospital for Nervos Diseases 西区神经系统疾病医院

What Jung Really Said 《荣格到底说了什么》

William Michael Rossetti 威廉姆·米歇尔·罗塞蒂

Williaid Temple 威廉·坦普尔

Worshipful Company of Goldsmiths 虔诚的金匠公司

Wotan 沃旦

Wuppertal 伍波塔尔

Y

York-Shire 约克郡